Walter Russell, Glenn Clark

Bewusst aus der Quelle schöpfen

Sammelband

Weitere Bücher von Walter Russell im Genius Verlag

Geheimnis des Lichtes
Die Botschaft der Göttlichen Iliade – Band 1 und 2
Eine neue Vorstellung vom Universum
Scientific Explanation of Sex (Deutsche Ausgabe in Vorbereitung)
Why You Cannot Die (Deutsche Ausgabe in Vorbereitung)
The Universal One (Deutsche Ausgabe in Vorbereitung)

Walter Russell und Lao Russell

Radioaktivität – Das Todesprinzip in der Natur
Fernstudienkurs Kosmisches Bewusstsein
Scientific Answers to Human Relations (Deutsche Ausgabe in Vorbereitung)
The World Crisis – Its Explanation and Solution (Deutsche Ausgabe in Vorbereitung)
The One-World Purpose – A Plan to Dissolve War by a Power
More Mighty Than War (Deutsche Ausgabe in Vorbereitung)

Lao Russell

Gott arbeitet mit dir, aber nicht für dich

Walter Russell, Glenn Clark

Bewusst aus der Quelle schöpfen

Deutsch von Dagmar Neubronner
Vorwort von Robert Betz

Sammelband bestehend aus:

Das Buch der frühen Eingebungen
(Walter Russell,1946, über seine Jugendjahre ab 1878)

Das Genie steckt in jedem
(Walter Russell, 1946)

Das Geheimnis des bewussten Zusammenwirkens mit Gott
(Walter Russell, 1946)

Walter Russell – Vielfalt im Einklang
(Glenn Clark, 1946)

Originaltitel:
1. The Book of Early Whisperings
(Walter Russell, ©1946 by University of Science and Philosophy)
2. The Secret of Working Knowingly With God
(Walter Russell, ©1946 by University of Science and Philosophy)
3. Genius Inherent in Everyone
(Walter Russell, ©1946 by University of Science and Philosophy)
4. The Man Who Tapped the Secrets of the Universe
(Glenn Clark, ©1946 by University of Science and Philosophy)

info@genius-verlag.de
Löhstr. 27
28755 Bremen
Deutschland

Übersetzung ins Deutsche und Lektorat: Dagmar Neubronner
Korrektorat: Jasmin Loddeke, Walter Brunmüller
Layout: Buch&media GmbH, München

Druck: Finidr, Tschechische Republik

ISBN 978-3-911646-10-9
(E-Book 978-3-911646-11-6)

Inhalt

1
DAS BUCH DER FRÜHEN EINGEBUNGEN

2
DAS GENIE STECKT IN JEDEM

3
DAS GEHEIMNIS DES BEWUSSTEN ZUSAMMENWIRKENS MIT GOTT

4
WALTER RUSSELL – VIELFALT IM EINKLANG

1
Das Buch der frühen Eingebungen

Walter Russell

Meiner geliebten Frau

Lao Russell[1]

In Liebe zugeeignet meiner zutiefst inspirierten
Kollegin und Mitstreiterin bei all meinen Unternehmungen,
deren Leben vereint mit meinem
einzig und allein der Einung der gesamten Menschheit
durch ein größeres Wissen über das Licht gewidmet ist.

Walter Russell

Vorbemerkung

Diese Aufzeichnungen schildern die leisen Eingebungen Gottes an mich während jener frühen Phasen der Erleuchtung im Mai eines jeden Jahres meines Lebens ab dem Alter von sieben Jahren.

Diese Perioden der Ekstase – von der kosmische Erleuchtung immer gekennzeichnet ist – währten zehn bis vierzehn Tage, und ich sah mich während dieser Zeit gezwungen, in den Wäldern Einsamkeit und Abgeschiedenheit zu suchen.

Ich habe mich bemüht, die Gedanken und Stimmungen dieser ekstatischen Phasen auszudrücken, in denen mein schwankendes Körperbewusstsein mit meinem ständig zunehmenden kosmischen Gottesgewahrsein, mit Gott und der Natur, in Einklang gebracht wurde.

Das Erwachen

Ich atme die Luft der Hügel. Die Kraft der Hügel ist in mir. Sie pulsiert durch meine Venen. Sie kommt zu mir von den Gipfeln jenseits der Hügel, wo mein inneres Auge ruht.

Dort ist Licht. Ich fühle, wie es ewig herannaht. Ich nehme es in mich auf. Ich spüre die Kraft des Lichtes, das ich in mich aufnehme.

Ich atme den süßen Duft und trinke den Sonnenschein. Ich öffne meine Lungen für den Wald. Ich ziehe Kraft aus einer übermenschlichen Macht, die Licht ist. Ich bin diese Macht. Das Licht ist alles von mir. Ich bin alles von ihm.

Meine Füße sind fest in der Erde verwurzelt, und ich kann Bäume ausreißen und sie beiseite werfen. Es wäre eine Kleinigkeit für mich, Baum für Baum aus der Erde zu reißen oder Wald für Wald.

Meine Kraft übersteigt die des Baumes. Sie ist machtvoller als die des Waldes.

Die Kraft all der Wälder und all der Hügel ist in mir. Die Erde leiht mir ihre Kraft. Die Winde leihen mir ihre Macht.

Die Winde der Erde sind mein Atem. Ich atme, und Wälder entstehen und vergehen.

Mit den Hirschen renne ich und springe, aber sie bewegen sich nicht, wenn ich mit ihnen laufe. Mit dem Vogel fliege ich, und leichter als er.

Ich sitze neben dem Pfad. Und muss mir jeden Ort nur denken, und bin dort, oder anderswo. Mit dem nächsten Atemzug bin ich wieder zurück.

Denn der Hirsch ist ein Hirsch, und der Vogel ist ein Vogel; aber ich bin ein Mensch mit einer Seele, ein Mensch mit einer freien Seele ohne Käfig.

Ich wandere mit meinem Selbst in Meiner Welt, und mein Körper wandert mit meiner Seele. Wir sind Gefährten nur für eine kurze Zeit. Dann wandert meine Seele allein.

Mein Körper ist nur das Haus für meine Seele, ihr Gefährt. Er bildet die Wurzeln, die meine Seele immer dann an die Erde binden, wenn sie gebunden ist. Mein Körper ist nicht ich, da bin ich sicher und weiß es seit langem.

Eines Tages werde ich aufschreiben, was ich darüber weiß und was mir jeder

Abbildung 1: Ein Weg schlängelt sich am Fluss entlang in Meiner Welt. (Gemälde von Walter Russell)

neue Augenblick darüber zuraunt. Und auch was die Stille darüber sagt, werde ich eines Tages aufschreiben, falls ich es jemals zu tun vermag.

Kleine Dinge rufen meine Seele von weit her zurück, kleine Dinge. Die Krümmung eines Setzlings, der Schatten einer Wolke über einer Wiese. Und dieselben kleinen Dinge senden meine Seele wieder auf Wanderschaft, hinaus in den Raum, während mein Körper abseits des Weges auf die Seele wartet oder geht, um ihr zu begegnen, unwissentlich und seiner eigenen Bewegung ganz unbewusst. Ein dürres Blatt, das auf dem Fluss dahintreibt.

Der Geist der Schönheit bringt meine Seele ins Gleichgewicht, so wie eine sprudelnde Quelle die Erde ergötzt.

Ich suche die Schönheit in den fernen Räumen meiner Wanderung und finde sie, wenn ich auf diese Art wandere. Immer finde ich sie, wenn meine schwerelose Seele sich zu den fernsten Sternen ausdehnt und ihr Haus aus Lehm, das sie an den Berghang bindet, hinter sich lässt.

Regen nährt die Quelle, wie Schönheit meine Seele nährt. Ich fühle deutlich, dass mein Körper ohne die Schönheit der Natur zu sehr ausdörren und erstarren würde, um meiner Seele lange ein Gefährte sein zu können.

Zu meiner Rechten plätschert ein kleiner Bachlauf. Das Wasser stürzt über die Felsen in das klare Becken. Voller Wonne gehe ich, um das Schauspiel zu betrachten. Das Wasser tropft im Schatten eines großen Felsens, der von Flechten bedeckt ist, wie eine Bronze-Statue, die vom Regen benetzt wird.

Die Sonne blinzelt in das Becken, und ein paar leuchtend gelbe Blätter fangen ihre Strahlen auf, um ihr Kommen anzukündigen.

Das grüne Moos ist wie ein ganz zartes Samtkissen. Scheinbeere erwartet mich dort, und Streifenfarn. Sandbeerblätter bedecken ein kleines Rasenstück, ihre rosa Blüten singen ein Frühlingslied.

Bescheiden zeigt mir der Feuerkolben die Streifen auf seinen Blüten.

Der Schatten eines Blattes fällt auf ein anderes Blatt, und noch ein anderes Blatt zeichnet sich auf einem Felsbrocken ab.

Ohne meine Gegenwart zu beachten, bahnt sich eine geschäftige Ameise ihren Weg über den Stein und trägt etwas, das viel größer ist als sie selbst.

Ich weiß, dass ich Ich bin – genauso sicher weiß ich, dass ich diese Ameise bin. Ich trage diese Last mit der Ameise zusammen. Ich fühle, wie mein Körper sich unter der Last der Ameise anspannt.

Abbildung 2: Das Flussbett ist mit Steinen übersät. (Gemälde von Walter Russell)

Ich bin ganz allein mit all dieser Emsigkeit. Soll ich mich nach rechts oder nach links wenden?

Was liegt daran? Wieder spüre ich, wie meine Seele sich aus ihrer Verankerung im schwerfälligen Lehm löst. Ich sehe mein Licht verwoben mit dem universellen Licht.

Das Lied des Flusses

Es gibt einen Fluss in Meiner Welt, rauschend, seicht und klar, und mit Steinen übersät.

An seinem Ufer schlängelt sich ein Pfad entlang, grasbewachsen und gesprenkelt von den Schatten der Bäume Meiner Welt, und voller Sonnenschein in den Tiefen des Waldes.

Das Blau der unendlichen Weiten wölbt sich über der Straße – und dem Fluss – und den Wäldern – und mir – während ich am Fluss in Meiner Welt entlang schlendere. Das Lied des Flusses erfüllt die Luft und meine Ohren und mein Herz – und beglückt meine Seele, während ich verzückt den Fluss entlangwandere.

Der Fluss singt vom dahinfließenden Wasser, sanft und leise und murmelnd – vom Wasserfall, dröhnend und klangvoll – vom rauschenden Wasser, plätschernd und tirilierend in gefühlvollen Melodien – geboren in den Tiefen der von Felsen gesäumten Teiche – und im Raum widerhallend für die lauschenden Götter und für meine aufmerksamen Ohren.

Die Melodie bewegt meine Seele – die wunderbare Melodie des Flusses – die Symphonie der Erdtöne – die Harmonie der Themen der Natur. Sie ertönt in den Kehlen glücklich flötender Vögel – auf den Harfen sanfter Lüfte, winkender Äste und rauschender Blätter – auf den spröden Saiten der Insektenflügel – auf den Piccoloflöten der Grillen – den Bratschen der Bienen – den Oboen der Heuschrecken und aus dem großen Orchester unzähliger Heerscharen unsichtbarer Wesen, die für mich in Meiner Welt spielen und singen und summen und brummen und zwitschern. Ich halte den Atem an und lausche. Die Ohren meiner Seele öffnen sich weit. Mein Puls schlägt erst schnell und dann langsam – die Melodie lässt meine Nerven vibrieren,

Abbildung 3: Das Lied des rauschenden Wassers (Gemälde von Walter Russell)

ich bekomme eine Gänsehaut, dann wird mir warm, dann bekomme ich wieder eine Gänsehaut.

Die Melodie trägt mich durch den Raum zu unbekannten Welten, dann bringt sie mich zurück, und ich lausche wieder dem tiefen Grundbass des rhythmisch plätschernden Wassers und der begleitenden Harmonie des unermüdlich rauschenden Stromes – Mein Strom – Mein Wasser – Meine Welt – mir allein vorbehalten, weitab vom schweren Tritt der unbeflügelten Seelen, die in Ketten auf der Erde wandeln. Mein Kopf ist aufrecht – meine Arme heben sich dem Himmel entgegen – meine Augen sind geschlossen – umso besser können meine Ohren der Melodie des Finken folgen, die sich in die Sinfonie des Flusslaufs einfügt.

Ich gehe nicht mehr – ich schwebe. Meine Füße tragen Flügel. Ich greife nach der Blüte eines Gänseblümchens, um mich auf der Wiese in Meiner Welt zu verankern. In die Symphonie fügt sich das Flöten der Drossel mit ihren reichen Melodien ein – dann plötzlich nimmt die Oboe des Eisvogels die Melodie auf – schrill und alarmierend – der Fluss dröhnt seine warnende Begleitung mit den Strudeln in sein tiefes Becken. Blitzschnell saust der Eisvogel den Fluss hinauf, kreischt seinen letzten Ton in der wilden Melodie des rauschenden Wassers, und dann ... geht der Ton in einem Plätschern und einem Flügelschlag unter, während der Fluss über seinen Verlust wehklagt.

Ich öffne meine Augen, und das friedliche Gaukeln eines Schmetterlings beruhigt meine Seele. Das flatternde Agitato fügt sich in die Symphonie des Flusses – die Melodie ist wieder fröhlich und glücklich. Es summt und tiriliert, als mit dem nächsten Lufthauch eine Million Feen herangleiten – jede berührt im Vorüberschweben ein Blatt mit ihrem Zauberstab, und sie singen das Lied der Brise.

Ein Eichhörnchen sitzt auf einem nahen Ast und keckert seinen Beitrag zur Melodie – dann huscht es behände davon. Wildblumen schlagen nickend den Takt, und meine Ohren schließen sich halb, während sich in meinen Augen das Wunder des Flusses spiegelt, und des Weges, der sich in Meiner Welt am Fluss entlang schlängelt. Eine Eiche wächst am Wegesrand, und in ihrem kühlenden Schatten halte ich inne. Sie streckt einen Arm zärtlich über den Fluss aus, als wolle sie ihn segnen. »Ich liebe dich, kleiner Fluss«, scheint sie zu sagen. »Du kühlst meine Wurzeln – du gibst mir zu trinken – du hältst meine Blätter frisch und grün – und du heilst meine Rinde von den Narben des Winters – und du flüsterst mir zu bei Tag und bei Nacht. Deinetwegen bin ich nie einsam, durstig oder sonnenverbrannt. Fließe weiter, lieber Fluss.«

Wunderbarer Baum in Meiner Welt, ich liebe dich, ich liebe dich, wie du den Fluss liebst. Ich liebe deine knorrigen Wurzeln, die Narben in deiner Rinde, deinen mächtigen Stamm und deine ausladenden Äste. Ich liebe das Flüstern deiner Blätter, während ich an dir vorbeigehe. Ich liebe dein Astwerk und die gastfreundlichen Eichhörnchenhöhlen. Ich liebe deine Verdrehungen, Krümmungen und Verwachsungen, und die Sonnenflecken, die auf deinem lebendigen Selbst tanzen. »Mach's gut, freundlicher Baum«, grüße ich dich im Vorübergehen.

Nun macht der Pfad eine Biegung wie auch der Fluss, und hier strömt das Wasser still und träge dahin. Die Flussufer treten zurück, das Flussbett ist tiefer, und am Ufer fehlen die Steine. Hier ruht der geschäftige, lärmende, rauschende Fluss sich aus. Zehn Takte lang dauert diese Pause in der Sinfonie des Flusses – zehn Takte für die tiefen Töne, und die Flöten tragen das Lied des Flusses im Windhauch zu den Untiefen jenseits der Flussbiegung, wo das Flussbett wieder mit Steinen übersät ist.

An diesem Rastplatz gibt es eine Liege für mich, eine Liege aus Moos in der

Nähe eines von Flechten überzogenen Felsens, der über den Fluss ragt. Ich lege mich flach auf den Bauch zwischen Köcherblümchen und Feuerkolben und schaue in das ruhig strömende Wasser. Meine Augen sind auf die sich bewegenden Wolken im Fluss unter mir gerichtet – große, schneeweiße Wolken, die im Spiegel des Flusses langsam dahinziehen – und während ich sie betrachte, hebt sich die Erde unter mir ganz langsam über das Wasser und über das Abbild des Waldes im Wasser, tief unten. Ich halte mich am Moos fest und blicke auf das zurücksinkende Bild Meiner Welt kopfüber im Fluss.

Ich steige eine Ebene ins Blaue empor, meine Liege und der Fels und die Köcherblümchen halten Schritt, während ich gehe, jedes fühlt meinen Griff, während ich sie festhalte – während ich mich an sie klammere, immer enger … bis wir zur Ruhe kommen, stillhalten, unbeweglich schwebend im Raum, während die Wolken im Fluss unter uns vorbeiziehen und mich schwindelig und matt machen und vor Freude erbebend, solange ich meine Augen auf die Wolken unten im Fluss richte.

Was für eine Freude – ich liege im Moos und entschwebe, für immer und ewig – ich weiche niemals mehr von dem flechtenbewachsenen Felsen – ich komme niemals herunter – ich bin ein Gott auf seinem Berg mit einer Welt darunter, deren Bestimmung die meine ist – eine Welt voller Musik und Farben und Vögel und Bienen und Blumen und vieler anderer Dinge – dies alles gehört mir. Oh Fluss in Meiner Welt, singe weiter. Ich lausche … Ich lausche … Von meinem flechtenbewachsenen Thron im Himmel lausche ich, mit bebenden Sinnen, mit offenen Ohren, während meine Augen fest auf die Wolken in den Fluten unter mir gerichtet bleiben.

Sing weiter, sing mir das Lied deiner Wasser – das wunderbare Lied – das ewige Lied – das nie endende, nie beginnende Lied deiner Wasser. Nenne mir, oh Fluss, die Worte deines Liedes, und wovon du singst – und für wen? Und der Strom antwortete:

Für Dichter und Maler und Liebende und seelenvolle Menschen singe ich mein Lied.

Ich singe von den Kiefern, die meine Ufer säumen, vom Wind, der durch die Kiefern fährt, von ihren bebenden Nadeln. Ich singe von meinen Lieben, meinen

Kindern, den Bächen, wie sie lachend und fröhlich an meinen Busen eilen und mit mir zum salzigen Meer reiten.

Ich singe vom Meer – von seinem Salz und seiner Verheißung – seiner glorreichen Verheißung, dass ich immer wiederkehren werde – für immer und ewig – in Nebel und Stille – mit Freude zurückkehren in dieses friedliche Tal, und wieder weiterreisen zum salzigen Meer – und in meinem Kiesbett mein Lied singen.

Ich singe von den Hirschen, die ihre Zunge in meinen kühlen Tiefen ausstrecken; von den Rinderherden, die ihren Durst stillen und sich in meinen seichten Furten spiegeln.

Ich singe für die Nacht, oh du, der du mich liebst – für die schöne Nacht, die so friedvoll und still ist. Für die schlaftrunkene Nacht – während die Welt schläft, singe ich mein Lied, ganz in Weiß gehüllt – in das Weiß des Nebelschleiers, der mein Nachtgewand ist und mein Geschenk an die aufgehende Sonne.

Ich singe zur Sonne – zum Licht der Sonne – zum heraufziehenden Sturm, dessen Donner ich widerhalle – zu meiner Winterlast von Eis, meinem Geschenk an den Frühling – zu den Hügeln, dem Spielplatz der Bäche – zu den hoch aufragenden Bäumen – zu den Städten, an denen ich vorbeikomme – und zu den kleinen Kindern, die an meinen Ufern lachen.

Dem Mond singe ich und den fröhlichen Sternen, die sich in meinen stillen Tümpeln abbilden und auf meiner gekräuselten Oberfläche, den Strudeln und Wellenkämmen, die die ganze Nacht von Ufer zu Ufer tanzen.

Oh, emsiger Strom, singe weiter!

In der Stille der fernen Hügel, in der du geboren wurdest, singe dein Kinderlied, dein plätscherndes Kinderlied, begleitet von Vögeln und raunenden Blättern.

Ich öffne mein Herz für dein kindliches Geplapper zwischen den Kieseln, wo Weiden sich lauschend über deine ausladenden Ufer beugen – für dein Willkommenslied für jeden Bach, der zu dir kommt – für die Lieder der Bäche selbst, die mit einem letzten Sprung über ihre Felsen in deinem immer üppigeren

Abbildung 4: Eine Flusskrümmung, wo Seerosen wachsen (Gemälde von Walter Russell)

Selbst landen – für die letzten hohen, zitternden Töne, wenn du an der Biegung oberhalb des Dammes, wo das Wasser still ist und Seerosen wachsen, in deinem Lied innehältst.

Ich gehe in der Herrlichkeit deines Gesangs auf, ich spiele, singe, jauchze mit dir auf deinem Weg durch das abwechslungsreiche Tal. Ich singe mit dir das Lied der Jugend um kiesige Flusswindungen – entlang an gepflügten Äckern und an Feldern, die grün sind von Roggen und Mais und Klee – ich tanze mit dir vorbei an nickenden Wildblumen und unter Bäumen, deren knorrige Wurzeln unter den Ufern hervorragen wie die verlangenden Arme eines Kraken – ich treibe mit dir durch Spalten und Klüfte und Felsvorsprünge, wo du dir seit Ewigkeiten geduldig deinen Weg bahnst und fröhlich singst, während du arbeitest.

Atemlos reite ich auf deinen aufgewühlten Wassern durch die Stromschnellen oberhalb der Wasserfälle – lausche verzückt dem wachsenden Crescendo deiner Flusssymphonie – lausche dem wilden Ruf deiner wirbelnden Fluten, während du dich für den großen Sprung sammelst, dann springst … Du springst weit in die Schlucht unter dir, ganz in Weiß gekleidet wie der Schaum des Meeres – und während du springst, höre ich den Ton des Meeres in deinem Lied, ich höre, wie die riesigen Meereswellen sich am Strand brechen.

In den Hügeln höre ich das Echo dieses Tones, und der Wind, der durch die Kiefern streicht, singt den Ton des Meeres, den ernsten, beseelten Ton des Meeres.

Ich fühle, dass der Ton in meiner antwortenden Seele vibriert wie auf Harfensaiten.

Ich höre im Knistern des sich auflösenden Schaums das beruhigende Lied des salzigen Wassers, das an den sandigen Ufern des Meeres zu hören ist. Oh kleine Schwester des Meeres, ungeduldiger Fluss, fließe weiter. Durch Schlucht und Klamm und Kluft ergießen sich deine Wasser, in dem sinfonischen Allegro Vivace des Flussliedes.

Von den Wasserfällen bis zum sonnenbeschienenen Tal schwebt die Melodie in dieser einen langen Kadenz, dann springe ich mit dir durch die Mündung der schattigen Schlucht in das schöne friedvolle Tal darunter, durch Felder und Wiesen fliege ich mit dir und höre jetzt wieder die Melodie des fließenden Wassers, des plätschernden Wassers.

Weit unten im Tal höre ich die Stimme deines Mutterstroms, der seine Kinder aufruft, mit ihm zum salzigen Meer zu reisen … und ich höre in deinem Lied ihre

Abbildung 5: Sonnenlicht und Schatten in den Kiefern (Gemälde von Walter Russell)

antwortenden Melodien und deinen Ruf an die Hügel und dein Tal und an mich, der mir sagt: »Ich werde immer wieder zurückkehren, für immer und ewig, in der Mitte und in der Stille, mit Freude in dieses friedliche Tal zurückkehren, um auf meiner erneuten Reise zum salzigen Meer in meinem Kieselbett mein Lied zu singen.«

Herbst in meiner Welt

Vor dem blauen Herbstdunst Meiner Welt schwebt der Flaum einer Seidenpflanze träge und ziellos umher. Ich beobachte ihn von meiner Moosliege am Waldrand aus, einem blattübersäten Bett aus weichem, grünem Moos, auf dem meine Seele mich zur Ruhe gebettet hat.

Ich beobachte, wie der Flaum auf den Flügeln seiner unzähligen seidigen Fädchen schwebt, als wolle er die Herbstlandschaft betrachten, um vielleicht den Ort zu wählen, an dem er seinen kostbaren Samen ablegen könnte. Ein Windhauch – und er ist weg – irgendwo im blauen Dunst Meiner Welt verloren – eine Zeitlang für mich verloren – fort, um in Meiner Welt das Werk einer Seidenpflanze zu tun.

Wie wunderbar schön ist Meine Welt an diesem Feiertag. Wie erholsam – wie still – so sehr in Einklang mit meiner Seele.

Ich höre, wie ferne Glockenschläge unten im Tal die Menschen auf dem Lande zur Andacht rufen. Vor dem Grün der Hügel sehe ich den weißen Turm der Kirche leuchten.

Ich höre das Rattern der Bauernkarren auf dem Weg zur Kirche. Weiße Punkte bewegen sich auf der fernen, gewundenen Straße, die den Hügel hinunter zum Dorfanger führt, wo meine Mitmenschen in Harmonie und Frieden gemeinsam den Gottesdienst feiern werden. Für sie alle ist es die Stunde der Anbetung und des Gebets. In Meiner Welt spreche ich allein mit Gott – kommuniziere mit Ihm allein – in der riesigen Kathedrale Meiner Welt aus hohen Kiefern – überwölbt von grünen Kiefernarmen, über denen sich das Blau meines unendlichen Himmels spannt – ein Blau, das allein mir gehört, wenn ich allein in seinem Blau umherschweife – kein Blau der Erde oder der Menschenwelt – selbst mir gehört es nicht mehr, wenn ich in der Welt der Menschen unterwegs bin.

An diesem Feiertag bin ich allein in meinen höchsten Himmeln, deren Kathedralenwände himmlische Hügel sind – Kamm auf Kamm bewaldeter Hügel. Sie sind tief eingetaucht in das Blau, das nur mir gehört, wenn ich in diesem Blau wandere.

Rhythmen sanfter Musik schweben durch das Tal Meiner Welt, Rhythmen der Erde, vom Himmel umsorgt, abgestimmt auf das Blau des hohen Himmels –

auf die tiefen Töne des Flusses – auf das Singen der Bäche, die in den Strom springen – auf die raschelnden Blätter der wogenden Reihen von Mais, Reihe um Reihe von getrockneten Blättern der Maisstängel, die im Wind rascheln und sich mit den knackenden Geräuschen von getrocknetem Herbstlaub vermischen – sie alle musizieren für mich. Das ist die Musik des Herbstes in meiner Welt – für mich allein gespielt – für mich allein gesungen von verborgenen Heerscharen geflügelter Herbstwesen und leise gesungen von unsichtbaren Engelschören jenseits des blauen Dunstes der fernen Hügel in Meiner Welt.

Schon der Rhythmus bewegt meine Seele, verwandelt die Begeisterung meines eigenen Denkens in die Verzückung des göttlichen Denkens und macht mich EINS mit Ihm.

Die ganze Natur neigt an diesem Feiertag ihr Haupt in stillem Gebet; und ich, mein Herz voller Dankbarkeit für all die Dinge in Meiner Welt, bete stumm: »Oh Gott, ich danke Dir für meine inneren Augen – für die Seele, die Du mir gegeben hast – für die Welt, die mir gehört, weil ich diese Seele habe; für die Hügel danke ich Dir – für die Wälder – und Felder – und den Himmel; für die Wolken und das Blau der Hügel, und für Deine Farben danke ich Dir; für das weiche Moos unter mir, für den schroffen Felsen und den grauen Baumstamm – für die abblätternde Rinde auf jenem Hickory – für den roten Apfel im Obstgarten unten – für die Schmetterlinge und Vögel und alle in Gras und Bäumen singenden Geschöpfe – für die Maisstängel, die sich im Wind wiegen und verbeugen und knicksen; für all die Klänge und Geräusche – das Zwitschern und Trillern – das Summen und Brummen – das Blöken und Muhen. Ich danke Dir für die Brisen, für ihre Musik in den Bäumen – und für die goldenen Blätter, die sie über den Vorhang Meiner Welt verteilen.«

Ich hebe den Blick und schaue über das Tal zu den Hügeln – zu Meinen majestätischen Hügeln, die mit Wald bedeckt sind – mit Herbstwald, der in allen Tönen von Karminrot, Gold und allen gelborangeroten Tönen dazwischen leuchtet – mit gepflügten Feldern, mit Wiesen und Weiden – alle verschmelzen miteinander im violettblauen Herbst – alle sind in den violettblauen Dunst des Herbstes getaucht.

Auf den Hügeln liegen Bauernhöfe – umgeben von abgeernteten Feldern – aufgeschichtete Maiskolben – dort ist Roggen gesät – vereinzelt weidet noch Vieh – gut aufgeteilte Felder, die im violettblauen Dunst ausgebreitet daliegen wie

Staaten auf einer Landkarte für Kinder – jedes Feld in einer anderen Farbe – aber alle verhüllt in dem grenzenlosen violettblauen Schleier des Herbstes.

Der Wind bewegt die Baumkronen aller Hügel und verwandelt sie für mich in Truppen bunt uniformierter Soldaten, die marschieren – ja, sie rennen, während sie marschieren – bis zu den Gipfeln der Hügel und über jeden Bergkamm. Wohin gehen sie? Warum so eilig? Was geschieht auf der anderen Seite der Hügel? Warum hängen so viele kleine Wolkenfetzen über den Hügeln? Kann das der Rauch einer Schlacht sein? Kämpft die ganze Natur eine Schlacht, eine Schlacht der Jahreszeiten? Vielleicht will der grüne Sommer die Erde nicht dem rot-blauen Herbst überlassen – oder vielleicht will der Herbst vor seiner Zeit den Thron besteigen?

Ja, das muss es sein.

An diesem Feiertag ist Meine Welt für kurze Zeit ein kindlich spielerisches Schlachtfeld, ein wunderbar schönes Schlachtfeld der Natur.

Die Hügel hinauf und über den Kamm stürmen Truppen – Regimenter aus Eichen und Hickory – Regimenter aus Kiefern und Tannen – stürmen durcheinander auf den Hügel – stürmen in die Schlacht auf der anderen Seite des Kamms – Uniformen in strahlendem Rot, Gold und Gelb – Säbel blitzen – Bajonette blitzen – während Welle um Welle von roten, grünen und goldenen Soldaten verloren geht, wenn sie in die kleinen weißen Wolkenfetzen direkt über dem Kamm übergehen.

Jetzt kommt die Kavallerie herbeigaloppiert, angetrieben von Zedernwachtposten, die mit den Armen winken und den Weg weisen – immer den Weg zu den Kanonenschüssen über den Kamm.

Es ist ein wilder Marsch, ein Aufruhr, ein Ansturm auf den Gipfel und über den Kamm – ganze Züge von ihnen beugen sich und winken mit den Armen im Wind – gehorchen jedem leisesten Wink des Windes. Und dann erstirbt der Wind – erstirbt, wie er geboren wurde – und die Luft und die Hügel sind wieder still. Die Zedernwachtposten halten inne und strecken ihre Arme gerade in den Himmel – und siehe da! Alle Regimenter aus Eichen, Hickorybäumen, Kiefern und Tannen bleiben stehen. Sie eilen nicht mehr zum Kampf auf die andere Seite des Bergrückens.

Stille – eine alles durchdringende Stille – eine dösige, schläfrige Stille – umhüllt Meine Welt und mich. Friede senkt sich auf die Hügel herab, um die Leidenschaften der gegensätzlichen Jahreszeiten aufzuheben – und der Friede eines Sonntagmorgens in der ländlichen Kirche reicht bis in meine Hügel – bis zu mir.

Seine Stille muss mich so sehr in den Schlaf gewiegt haben, dass ich das Gefühl für Raum und Zeit verloren habe – denn jetzt hat sich der Sonntagmorgen schon in die Mittagszeit verwandelt. Die Sonne hat den höchsten Punkt am Himmel erreicht, ohne dass ich es bemerkt hätte – und die Hügel sind wie durch Zauberhand verschwunden – ich bin jetzt umgeben von den großen Eichen, die meilenweit entfernt im nächsten Tal stehen und mir schon lange wie ein Teil meiner Seele vorkommen – so sehr sind sie ich – und ich bin sie.

Vor nicht allzu langer Zeit habe ich genau auf diesem Felsen gesessen und die Eichen gemalt – ihre Blätter waren damals grün – das Sonnenlicht erhellte ihre Stämme mit Flecken und Streifen, die fröhliche Lieder sangen – und zu ihrem Gesang tanzten – wie Sonnenlichtflecken es immer im Wald tun, wo schwankende Äste die Sonnenstrahlen nur widerwillig in die Tiefen des Waldes eindringen lassen. Sie öffnen und schließen den Zugang mit Hilfe des Windes – sie lenken die Sonnenstrahlen nach ihrem Willen – und erlauben ihnen den Zugang zu ihrem Reich, als würde ihre Schattenwelt ihnen gehören, und sie könnten sie öffnen oder schließen, so, wie die Blende meiner Kamera meinem Willen gehorcht, um über die Sonne zu befehlen. Die Bäume laden das Sonnenlicht als freundliche Gastgeber in ihre Tiefen ein – oder verweigern ihm den Zugang aus Gründen, wie Menschen sie haben, wenn sie ihre Türen der Außenwelt verschließen.

Ich frage mich, wie ich hierher gekommen bin – und welchen Weg ich genommen habe. Ich erinnere mich nur vage an ein Holzgatter, und daran, wie schwierig es war, einen Balken anzuheben – und etwas genauer erinnere ich mich daran, dass mehrere Rehe vorbeikamen, die einen Moment neugierig inne hielten angesichts meines Eindringens in ihr schattiges Tal – aber mehr weiß ich nicht von den letzten zwei Stunden, in denen ich allein mit meiner Seele durch den gestaltlosen Raum wandelte und der Erde lauschte, die in stillen Rhythmen die Vorbereitungen für ihren Winterschlaf traf und die Wiedergeburt der schlafenden Dinge im Frühling vorbereitete.

Ich heftete meinen Blick auf ein sehr gelbes Blatt, das allein am obersten Ast eines sehr hohen Baumes hing. Es leuchtete viel gelber, viel goldgelber, weil es wie ein Juwel im Lapislazuli des Himmels eingebettet lag.

Und als ich hinsah, riss eine plötzliche Brise es von seinem Ast und wirbelte es hoch über die Wipfel aller Bäume, dann wieder hinunter, ganz hinunter, bis eine andere Brise es wieder nach oben trug, wo ein blendender Strahl goldenen

Sonnenlichtes es erleuchtete, während es wieder hoch in den Himmel wirbelte, tanzte, tanzte, wirbelte, sich drehte, hierhin und dorthin schoss und dann nach unten schwebte, als der Wind abflaute.

Mein Herz stand still – und schlug dann wieder schnell im Tempo himmlischer Musik – sein Rhythmus war der Rhythmus des wirbelnden, fallenden Blattes – sein Motiv war der Tanz des Blattes im hohen Himmel über einem großen Wald aus Rot und Gold.

Zu tiefem Entzücken inspiriert weinte ich heftig bei dem herrlichsten und wundersamsten Anblick, den ein Mensch je erblicken und dennoch auf der Erde verkörpert bleiben konnte, denn eine solche Schönheit ist sicherlich allein dem Himmelreich zu eigen.

Ich wusste nicht, wie und wann mein Entzücken endete, aber die Sonne stand schon schief und tanzte nicht mehr auf den goldfarbenen Blättern der Waldbäume. Eine große Ruhe löschte den Sturm der überwältigenden Glückseligkeit aus, der mich in die hohen Himmel Meiner Welt erhoben hatte. Ich fand mich dabei wieder, wie ich einen Balken des Gatters anhob und darunter hindurchkroch. Ich hörte die Stimmen von Menschen, die auf dem Weg zum Abendgebet in der kleinen weißen Kirche auf dem Anger waren.

Der Abendstern leuchtete im blassen Gold der untergehenden Sonne. Ich machte mich auf den Weg in Richtung dieses Sterns, denn der Weg dorthin war mein Weg, wie die Wege zu allen Sternen in Gottes hohen Himmeln immer mein Weg sind.

Als ich aus dem Wald trete, höre ich wieder die Geräusche der Erde, wie ein Echo zu der Stille der All-einen Quelle in der Stille der hohen Himmel. Ich höre wieder das Rattern der Bauernkarren und das Lachen der Kinder, die auf den Feldern in der Nähe spielen. Das Läuten der Kuhglocken sagt mir, dass es Zeit zum Melken ist.

Stunden sind an diesem herrlichen Tag in Meiner Welt nur Augenblicke gewesen. Wie wunderbar war dieser Tag. Wie schön – wenn das eigene Sein von himmlischen Harmonien erfüllt ist.

Ich bin unangetastet und unantastbar, während die letzten Ausläufer der Natursinfonie noch in mir nachklingen.

Ich war allein mit Gott.

Seine Verzückung war meine Verzückung – Seine Erhebung meine Erhebung.

Ich werde für immer erhöht sein, denn ich werde für immer allein mit Gott sein, auch wenn mich eine Menschenmenge umgibt – auch wenn die Geräusche der Menschenwelt nach einer Antwort meiner Sinne schreien und die Emotionen der Menschen in Strudeln um mich herumwirbeln.

Ja – mein Selbst wird nicht in diese Strudel hineingezogen werden, denn die Stille meines Selbstes wird ihre Mitte bilden, so wie Gottes Stille die ruhende Mitte der Wirbelstürme aus den Emotionen der Erde bildet.

Denn ich war allein mit Gott und bin ihm gleich.

Ich war allein im Licht – und das Allwissen des Lichtes ist mein.

Ja – ich war allein mit meinem Selbst – und die ganze Kraft aus dem Licht meines Selbstes gehört mir.

Und dies weiß ich genau: Wenn ich mit den Menschen bin, bin ich alle Menschen als EINER, denn ich weiß, dass mein Licht das Licht aller Menschen ist.

Dies ist das WISSEN, das Gott mir zuflüsterte, als ich an diesem Herbsttag mit Ihm in den Wäldern Meiner Welt allein war.

Ode an Eden

Oh, Bar Harbor in Eden, Märchenland des Nordens – ich grüße dich. In andächtiger Bewunderung erhebe ich meine Augen zu deinen Hügeln und verneige mich in Ehrfurcht vor deiner Majestät.

Ich stehe auf deinen schroffen Klippen, barhäuptig der Sonne und dem Wind hingegeben. Ich atme tief deine nach Kiefern duftende, nach Salz schmeckende Luft ein – und die Kraft deiner Hügel ist mein.

Ich lausche mit den Ohren meiner Seele dem Flüstern deiner Kiefern – und die Geheimnisse deiner Wälder sind mein.

Ich wandle auf deinen Pfaden – ich erklimme deine Felsen und Steilhänge. In Ekstase hebe ich den Becher aus deinen klaren Quellen und trinke – trinke durstig – und das Leben des Wassers geht in mich über.

Hand in Hand mit der Göttin der Schönheit eile ich über deinen heißen Sand, springe über deine rötlichen Felsen, erklimme deine mächtigen Klippen, an denen sich wild die Meereswellen brechen. Ich lache, ich schreie, ich schleudere meinen Hut in den Wind und entblöße meine Brust dem Licht, und die Freude deines Sonnenscheins ist in mir.

Ich stürze mich in dein blaues Meer und kämpfe mit seinen Wellen. Mit harten Schlägen kraule ich durch das Meer und strahle über meinen Sieg. Ich liebe die Belebung, die Dein Wasser mir schenkt, ich liebe seine kalte Berührung auf meiner nackten Haut. Grün und blau schlagen deine Wellen über mir zusammen – und die Macht deiner Meere ist mein.

Ich tauche tief in deine Wälder ein und warte auf die Dämmerung – die Zeit der Elfen – wenn die Kobolde des Waldes hervorkommen, um mir Gesellschaft zu leisten – und das Geheimnis deiner Wälder ist mein.

Oh, sonniger Hafen des Nordens – nimm mich als dein Eigen und gib dich mir hin. Der Göttin der Schönheit danke ich, dass ich dich gefunden habe – oh, Insel der Schönheit.

Ich erklimme deine Hügel. Allein stehe ich auf dem Gipfel deines Berges mit der Kuppel des unendlichen Blaus über mir und der ganzen Welt unter meinen Füßen. Ich schaue nach oben. Das ewige Blau ist gesprenkelt mit flüchtigen,

Abbildung 6: Ein Pfad im Wald (Gemälde von Walter Russell)

sonnengeküssten Wolken, die im Blau schwimmen; sie sind goldene Schiffe in einem Meer aus Blau.

Dort oben bin ich ein Adler. Der König der Lüfte umhüllt mich mit seinem Geist – er durchdringt mich mit seinem Gefühl von Macht und glorreicher Freiheit. Ich bin der König der Lüfte, und die Welt unter meinen Füßen ist mein – ganz mein. Ich blicke auf mein wunderbares Königreich Eden – meine schöne Welt aus grünen Kiefern und grauem Geröll – sie erstreckt sich bis zu den roten Klippen und dem blauen Meer – und noch weiter – in weite Fernen – bis zum Rand der Welt, wo Meer und Himmel ineinander übergehen.

Ich sehe deine roten Klippen wie den Bug eines großen Schiffes, das mit einem Knochen in den Zähnen das Meer durchpflügt. Ich sehe die Behausungen von Menschen aus den Wäldern hervorlugen – Häuser und Dörfer von Menschen wie mir, denen die Bäume lieb sind – und die Felsen – und das Meer.

Ich höre einen Ton, einen wundersamen Ton, der vom Himmel kommt – oder von den Felsen – oder vom Meer. Vielleicht kommt er von ihnen allen, durch die Kiefern unter mir, jede Kiefer eine Saite der riesigen Harfe, die für mich allein das Epos dieses Wunderlandes singt. Ich höre das Lied mit den Ohren meiner Seele, während die brummenden, dröhnenden Saiten den wilden, seltsamen Gesang dieser Meeresinsel anstimmen.

Allein auf dem Berggipfel Meiner Welt höre ich die kleine leise Stimme – die Stimme Gottes – des Schöpfers Meiner Welt; und ich weiß, dass Er, der diese wunderbare Welt geschaffen hat, auch mich geschaffen hat. Allein auf dem Berggipfel halte ich Zwiesprache mit Gott und danke Ihm für diese wunderbare Insel des Friedens – die mir gehört – mir ganz allein. Ich danke Ihm dafür, dass er meine Augen geöffnet hat, um ihre wundersame Schönheit zu sehen – und meine Ohren, um ihre Musik und ihr Flüstern zu hören – und dafür, dass er meine Seele darauf eingestimmt hat, die Sprache Seiner Kiefern und des rauschenden Meeres verstehen zu können.

Ich steige hinab. Über Klippen und Spalten und die von losen Steinen übersäten Felsen finde ich leichtfüßig meinen Weg. Ich tauche ein in den zerzausten Wald und halte inne unter dem Baldachin der Tannen und Kiefern, der den Himmel verhüllt. Oh karger Wald auf dem Berggipfel – oh windgepeitschter Überrest, der um sein Leben kämpft, ich liebe deine Zähigkeit, ich liebe deinen Mut. Deine knorrigen Äste zeugen von deinem Kampf ums Überleben an den trostlosen Tagen, an denen der Wind heult und dir deine Zapfen voller noch nicht ausgereifter Samen entreißt. Ich liebe es, wie sich der Rücken deiner Stämme krümmt, stummer Beweis deiner Last, des Nordwinds. Deine verdrehten Wurzeln, die den kargen Boden nach Wasser absuchen und keines finden, die mutig durch tiefe und gewundene Felsspalten in das unwirtliche Herz deines Berges dringen, erfüllen mich mit tiefem Mitgefühl – und dann mit Staunen – und dann mit Stolz – für die Lektion der Hoffnung, die symbolisiert, dass dein Leben auch meines ist.

Meine Füße spüren das weichere Profil von Erde und Bergmoos.

Ich stolpere über knorrige Wurzeln.

Lose Felsbrocken balancieren auf den Rändern der Schlucht und neigen sich, als wollten sie springen.

Spitze Steine ragen aus dem Boden heraus – kühle graue Flecken, sie kühlen die mit warmen roten Kiefernnadeln bedeckte Erde.

Riesige Felsen, zersplittert und zerbrochen, erzählen die Geschichte eines wilden Rennens vom Berggipfel ins Tal an einem Tag im Pliozän – ihre große Geschichte, die allen erzählt wird, die innehalten, um zu lauschen, während sie diesen Weg passieren.

Die tiefen Löcher in den Felsen erzählen mir von den vergessenen Sturzbächen einer anderen Zeit.

Wie die Seiten eines aufgeschlagenen Buches lese ich die Hieroglyphen der Hügel von Eden, unauslöschliche, in ewigen Stein gemeißelte Zeichen.

Um mich herum ragen die hohen Stämme aus der Bergschlucht in den Himmel wie die Säulen einer riesigen Kathedrale.

Hier ist der schattige Wald des Berghangs, der von der Sonne gefleckte, märchenhafte, schattenspendende, flüsternde Wald aus Kiefern und Fichten und Tannen und Hemlocktannen.

Hier stehen die harzverklebten Stämme über der rutschigen, von rotbraunen Nadeln übersäten Waldwiese. Es ist die Welt der herabfallenden Zapfen, wo ich den balsamischen Duft in so tiefen Zügen einatme, dass mir wunderbar schwindelig wird.

Dies ist die Zuflucht des Wildes – die Heimat der wilden Tiere.

Oh Wald von Eden, ich liebe dich. Ich bringe dir meine Ehrerbietung dar. Die Tränen in meinen Augen zeugen von meiner stillen Verehrung. Die sanfte Berührung meiner Handfläche auf deinen starren Stämmen ist ein Zeichen meiner Zuneigung. Du und ich sind verwandt. Dein Gott und der meine sind eins.

Eine Quelle lebendigen Wassers sprudelt aus dem Felsen und stiehlt sich in Wellen und Rinnsalen davon. Sie singt ihr eigenes Lied, während sie sich um Kieselsteine und Felsen herum den Berghang hinunter spielt, um das Meer zu erreichen.

Ich folge ihrem Lauf und finde mich auf einem Waldpfad wieder, entstanden durch die Fußstapfen von Menschen wie mir, die den Bach und den Wald lieben – und jeden Wasserfall zwischen Quelle und Meer. Hier ist die Heimat der flinken Forelle. Hier stillen, erhitzt vom Laufen, die Tiere des Waldes ihren Durst. Hier gibt es tiefe Tümpel, von Felsen gesäumte Kiesbetten und verwunschene kleine Buchten, in denen sich nachts die Sterne spiegeln. Hier tummeln sich Wasserläufer auf stillen Tümpeln, in denen kleine Fische spielen und Ochsenfrösche träge hocken.

Hier lauscht der Hüttensänger seine Melodie dem Gesang des fallenden Wassers ab, und hier hält auch der Eisvogel mit seinem schrillen Schrei von überhängenden Ästen aus nach seiner Beute Ausschau.

Dies ist das Herz des Waldes, wo das Wasser springt und stürzt und vom Meer singt; wo Kaninchen rennen und Füchse jagen; wo Eichhörnchen keckern und Grillen zirpen und junge Rehkitze neben ihren stets wachsamen Müttern grasen.

Langsam folge ich dem ausgetretenen Pfad, der unter den Füßen jener Menschen aus Eden entstand, die wie ich die wunderbare Musik des Waldes verstehen, Menschen, die unten am Meeresufer in schlichtem Luxus leben.

Ich liebe jeden Schritt auf diesem alten Pfad. Ich liebe das Einsinken meines Fußes in den nachgiebigen Boden. Ich liebe es, unter meinen Füßen die Wurzeln der Bäume zu spüren, die sich quer über den Weg schlängeln und meinem Tritt Sicherheit geben. Freudig springe ich vom Pfad auf die Felsen und überquere am Fuße des Hügels den Bach, angelockt von einem schönen Rotton vor dem Blau der Hügel, dann leuchtet etwas Cremeweißes …? Oh flüchtige Muse, mein Herz klopft, während meine Füße mich zögernd durch diesen verzauberten Wunderwald tragen.

Als ich angekommen bin, sehe ich ein Denkmal, das dir, oh Eden, am Fuße der Hügel errichtet wurde, um deine Schönheit zu ehren. Aus einer Vertiefung im Grün erhebt sich dieses durchscheinende Gebilde weiß und rot in erhabener

Abbildung 7: Ich liebe ein Holzgatter. (Gemälde von Walter Russell)

Ruhe vor den Hügeln. Oh wundervoller Tempel, in ehrfürchtiger Stille betrachte ich deine klassische Form. Verzückt nehme ich deine Linien auf, deine Mächtigkeit, in der Sonne weiß und golden leuchtend, und rotgolden in der Sonne schimmernd. Du bist Reinheit. Du bist wie eine Jungfrau, gekleidet in weiße Gewänder, und das schimmernde Rotgold ist dein Haar.

Du bist der unsterbliche, lebendige, atmende Geist von Eden.

Du bist das Kind der Hügel, das im Schoß der Hügel ruht.

Du wurdest von Seelenverwandten entworfen, die mit den Hügeln, den Wäldern und dem Meer wohlvertraut waren.

In deinen Linien liegt Musik. Deine wunderbare Lage in der Wiege der ewigen Hügel lässt eine Symphonie erklingen, die mich in ihrem Bann hält, ein Gefangener der Liebe unter den Wunderbäumen dieses Wunderlandes.

Die Sonne sinkt tief. Der Schatten Edens kriecht langsam an deinen Wänden empor und bildet das Andante deiner Symphonie.

Zeit bedeutet mir nichts. Fantastische Schatten alter Bäume tanzen fröhlich auf deinen von der Sonne erhellten Wänden. Mein Gehirn wirbelt mit, während mein Herz im fröhlichen Tempo deiner Symphonie schlägt, dem Allegro-Vivace-Satz deiner Symphonie.

Der Himmel steht in Flammen. Die rote Sonne taucht in einen Feuerkessel ein. Deine Wände leuchten nicht mehr rot. Langsam, ganz langsam verschmilzt dein Rot mit dem Violett der Hügel, und dein Weiß nimmt das Blau der Nacht an, während ein Stern nach dem anderen aufblinkt und in den Bäumen hängt, um dich zu beleuchten und die Nacht vollkommen zu machen. Dann sind langsam die letzten roten Strahlen verschwunden, und Glühwürmchen schwingen ihre leuchtenden Lichter vor den Bäumen und Sternen, bis ich nicht mehr weiß, was Stern und was Glühwürmchen ist, so sehr gehören beide zur Nacht.

Oh du weißgekleideter Geist von Eden, Tempel der Reinheit – ihr ewigen Hügel, vom Meer umgürtet – du Volk von Eden, das mir verwandt ist, ich sage euch allen gute Nacht. Deine Symphonie ist bis zu ihrem leidenschaftlichen Ende erklungen. Ich habe ihr Finale vernommen.

Ein Selbstgespräch

Der Geist des Wanderers hat mich erfüllt. Die Natur ruft mich zu sich – in ihre verborgenen Tiefen. Ich war zu lange fort von ihr. Ich kann es so getrennt von ihr nicht länger aushalten.

Der Drang, mich in ihren gleichmäßigen Pulsschlag einzubetten, ist stark in mir. Die Sehnsucht meiner Seele, auf ihre Harmonien zu lauschen, ihre Stille zu erfahren, sie mit meinen inneren Augen zu sehen, allein mit ihr zu kommunizieren, ist überwältigend. Ich kann ihr nicht länger widerstehen.

Sie lenkt meine Schritte. Ihre Macht, ihre Verlockung richten meine Schritte aus.

Der tiefe Wald liegt vor mir. Er zieht mich hinein. Ich sehne mich danach, von ihm aufgenommen zu werden, mich völlig in ihm zu verlieren und erst zurückzukehren, wenn ich ganz und gar gesättigt bin, falls so etwas überhaupt möglich ist.

Eine große weiße Wolke schwebt über dem Wald, sie winkt lockend und verspricht, mich zu führen, wenn ich ihr nur folge. Sie scheint eine eigensinnige Führerin zu sein – sie verspricht viel – viel, aber vage – so verführerisch.

Was macht das schon? Sie hat bereits so viel gegeben. Davon bin ich überzeugt, denn ich fühle mich über alle Gaben hinaus bereichert, die die Erde geben könnte – denn die Wolke gehört zum Himmel – und auch ihre Gaben sind vom Himmel.

Wie unendlich schön sie ist, ihr Haar mausgrau, ihre Anmut ganz in bauschiges Weiß gehüllt. Mit ihren hohen Kuppeln, die weit ins Blaue reichen, wirft sie große Schatten von sich auf sich selbst und taucht das Weiß anderer geflügelter Wolken in ihren Schatten, wie ein eifersüchtiger Engel des hohen Himmels, der mit den anderen geflügelten Engeln des hohen Himmels Verstecken spielt, und alles für mich, all diese Herrlichkeit nur für mich.

Ihre geschwungenen Formen heben sich von der unbegrenzten blauen Fläche ab – Blau – das Blau des unermesslichen Raums, der die Sterne verschlingt, wenn die Wolken so silbern sind – und der Himmel so blau ist.

Wohin führst du mich, oh Engel der hohen Himmel? Durch welches gewölbte

Portal meines Waldes trete ich ein, um dich weiterhin erspähen zu können? Oder soll ich dich für eine Weile verlieren?

Ich kenne ein mit Kiefernnadeln geschmücktes Bett im Wald in der Nähe eines klaren, strahlend blauen Teichs. Vielleicht könnte ich dich unter dem Wasser meines geliebten Teichs wiederfinden, anstatt so weit über mir, dass ich mich anstrengen muss, dich zu sehen, denn dabei werden meine Augen vom Glanz des Himmels geblendet, anstatt vom blauen Spiegel des Teichs beruhigt zu werden. Der Teich mildert deine blendende Helligkeit, wenn du kopfüber im Teich liegst – und ich tief in deine Himmel blicke.

Hier gibt es zwei Wege, die beide in die Waldestiefe führen. Welchen werde ich nehmen? Ist es wichtig, welchen Weg ich nehme? Ich suche Abgeschiedenheit. Die Abgeschiedenheit sucht mich, das Alleinsein in der Stille der Wälder, deren Rhythmen das innere Ohr hört, wenn es nichts als Stille zu hören gibt. Jeder der beiden Wege führt zu der Abgeschiedenheit, die ich suche. Es ist nicht wichtig, welchen Weg ich nehme.

Mein geliebter Teich liegt am Ende dieses Weges. Die Stille meines blauen Teichs und der blaue Himmel, der sich im Teich spiegelt, und meine weiße geflügelte Wolke, die sich kopfüber im Teich spiegelt, locken mich an.

Im Verlauf des anderen Weges befindet sich ein Gatter. Ich liebe Gatter. Ich liebe es, einen Balken abzunehmen, hindurchzukriechen und ihn dann wieder anzubringen. Ich liebe die Verlockung, die mich auf die andere Seite zieht, wo es etwas gibt, das es hier nicht gibt.

Auf der anderen Seite des Gatters gibt es einen kleinen Fluss, der hier nicht vorbeiführt. Im Flussbett unter dem klaren Wasser liegen Steine, die ich gerne betrachte.

Die Verlockung ist groß, aber ich werde ihr nicht nachgeben. Die Ruhe des Teiches auf dem anderen Weg passt besser zu meiner Stimmung. Manchmal liebe ich das Singen des Wassers in seinem steinigen Bett, aber heute sehne ich mich nach der Stille, aus der die Lieder des Wassers entspringen.

Warum habe ich diese Worte geschrieben – die Stille, aus der die Lieder des Wassers entspringen? Dieser Gedanke war gestern bei mir und ist seitdem immer im Vordergrund meines Denkens geblieben.

Gestern dachte ich an die Stille des Weltraums, in dem Sonnen und Planeten auf ihren Bahnen dahinfließen, wie das Wasser von Flüssen in ihren steinigen

Betten fließt und seine Lieder singt, die aus der Stille und Ruhe der Erde und ihrer Himmel entspringen.

Woher kommt das Lied des dahinströmenden Wassers? Ist es das Wasser selbst, das singt? Das kann nicht sein, denn das Wasser des ruhigen Teichs singt nicht. Es ist so still wie meine Gedanken in der Meditation.

Fließendes Wasser singt. Wenn ruhendes Wasser nicht singt, muss es die Bewegung des Wassers sein, die singt, und nicht das Wasser.

Solche Gedanken haben mich gestern beschäftigt und kehren jetzt zurück und beschäftigen mich wieder. Ich frage mich, ob die Geräusche von Dingen real sind. Geräusche scheinen aus der Stille geboren zu werden, denn wenn die Geräusche aufhören, herrscht die Stille weiterhin.

Ja, das muss so sein. Die Harfensaite ist so lautlos, wenn sie still ist, wie das ruhige Wasser in meinem Teich still ist. Eine Hand zupft die Harfensaite und sie singt. Warum ist das so? Was ist die Antwort darauf?

Die Antwort muss lauten, dass die Harfensaite niemals singt, dass sie immer still ist. Es muss die Bewegung der Harfensaite sein, die singt, genauso wie es die Bewegung des Wassers sein muss, die singt, denn wenn die Bewegung verstummt, verstummt auch der Klang. Ja, das muss die Antwort sein.

Aber wohin geht die Bewegung, wenn sie aufhört? Wenn die Wellen, die die Ruhe meines Teiches stören, zur Ruhe kommen, herrscht immer noch Stille. Aber wohin gehen die Wellen? Sie müssen in irgendetwas übergehen. Und wohin gehen die Geräusche? Sie verschwinden. Vielleicht hören sie einfach auf und gehen in nichts über.

Vielleicht sind Bewegungen und Geräusche vergängliche Illusionen, und die Stille ist das einzig Beständige? Bewegung kann nicht zur Stille werden – das ist unlogisch.

Vielleicht sind sowohl Bewegung als auch Geräusche überhaupt nicht real. Vielleicht ist nur die Stille real – die Stille des universellen Gleichgewichts – die Stille von Gottes Licht.

Ja, das muss so sein, denn wenn ich aufhöre zu denken und mich in Gottes stillem Licht befinde, dann kenne ich die WIRKLICHKEIT, indem ich Gott kenne.

Ja, das ist die Antwort, denn wenn ich mit Gott allein bin im stillen Lichte Seines Wissens, sind Bewegung und Geräusche nicht existent. Selbst das Tosen des mächtigen Niagara kommt zum Erliegen, wenn mein Bewusstsein die Ekstase meines Wissens abtrennt von den Einwirkungen der Erde auf meine Sinne.

Selbst die Klänge einer meisterhaften Symphonie verklingen, wenn ihre Rhythmen mich in die höchsten Himmel erheben, denn selbst wenn die Klänge weiterhin laut ertönen, können sie die Stille des ekstatischen Lichtes von Gottes Königreich nicht durchdringen, in dem ich Seine Ruhe gefunden habe.

Ich habe immer festgestellt, dass Gottes Ekstase die Sinne auslöscht, während das Bewusstsein im Licht des Allwissens erwacht.

***

Ich möchte mit Gott allein sein. Ich muss aufhören zu denken, zu hören und zu sehen. Ich möchte meinen Körper vergessen, ihn verlassen, von ihm befreit werden, damit ich wieder die Ekstase von Gottes allwissendem Licht erfahren kann.

Von meinem Bett aus Kiefernnadeln neben meinem Teich blicke ich durch das Wasser in den Himmel, der auf dem Kopf steht, um meine weiße Wolke zu finden. Sie ist nicht da. Ich bin froh, dass sie nicht da ist – denn allein ihr Anblick würde mein Sehen und Hören von irdischen Dingen fortsetzen, während ich doch allein mit Gott im Zentrum aller irdischen Dinge sein möchte, wo Stille herrscht – und ich nichts sehe – und nichts höre.

Was bedeutet es mir, wenn Vögel singen, wenn der Wind in den Wäldern flüstert und Ströme rauschen? Ich muss sie nicht hören oder sehen, solange ich im Licht bin, denn ich KENNE sie. Ich habe sie erschaffen. Sie haben keine Realität, denn die Realität ist in mir. Ich habe sie mir vorgestellt und sie sind erschienen. Und sie verschwanden, als ich aufhörte, sie mir vorzustellen. Sie haben ihren Ursprung in meinem Wissen. Ich muss sie nicht sehen. Wenn ich sie mir vorstelle, SIND sie. Sie müssen auch nicht erst werden.

Wenn ich sie ersinne, sind sie real – denn sie SIND immer. Aber wenn ich sie erschaffe, simulieren sie nur für kurze Zeit die Realität als Form und verschwinden dann.

Wenn ich meine Schöpfungen ersinne, KENNE ich sie, aber wenn ich mein Wissen in Form bringe, um die Bilder meines Denkens zu erschaffen, muss ich sie spüren. Denken ist Bewegung – elektrische Wellen der Bewegung. Denken ist die bewegte Spannung der Stille des Geistes, so wie der Hebel die bewegte Verlängerung der Stille des Drehpunkts ist.

Wenn ich aufhöre zu denken, hört auch die Bewegung der Dinge auf der Erde auf. Wenn ich den verlängerten Hebel der Bewegung – der mein Denken ist – in seinen ruhenden Drehpunkt zurückziehe, finde ich dort Gottes Ruhe. Vom Körperempfinden werde ich in das Licht des Allwissens versetzt.

Wenn ich mich so im Licht des Allwissens befinde, finde ich in mir die Kraft, die die Sterne erschaffen und sie auf ihre mächtigen Bahnen gebracht hat. Wenn ich mich also im Licht befinde, BIN ich diese Kraft.

***

Aus dem immerwährenden Gleichgewicht der universellen Stille kehrte ich in das Universum zurück, in dem ich die vielen Dinge wahrnahm, die sich bewegen, Dinge, die Geräusche machen, während sie sich bewegen, Dinge, die Formen der Idee haben, die sie manifestieren, Formen, die sich in viele ihrer Art vervielfältigen, indem sie sich in den Spiegeln ihrer selbst wiederholen.

Ich ertappte mich dabei, wie ich wieder über die vielfältigen Auswirkungen der Einen Ursache nachdachte, aus der ich in Form einer dieser vielfältigen Auswirkungen wieder hervorgegangen bin.

Ich ertappte mich dabei, wie ich wieder die Klänge hörte, die aus der Stille von Gottes Universum des WISSENS kamen.

Oh wie schön ist dieses bewegte Universum der sich verändernden Wirkungen vielfältiger Formen.

Wie schön ist diese sich ständig verändernde Wirkung eines ewig unfertigen Bildes, das Gott nach Seinem unveränderlichen Konzept gemalt hat. Gott ist der Meistermaler des einen universellen Meisterwerks.

Das Gemälde der Natur ist jedoch nicht der Maler. Das Bild, das Gott mit den Pigmenten Seines Lichtspektrums und den Pinselstrichen elektrischer Wellen gemalt hat, ist nicht realer als die Bilder, die ich mit Spektralpigmenten der Erde und Pinselstrichen der Materie male.

Wenn ich mir ein Bild ersinne, WEISS ich es. Wenn ich es male, denke ich es in Form und Aktion. Ich SPÜRE, was ich WEISS, aber das, was ich in der Form spüre, ist weder das Konzept noch bin ich es – sein Schöpfer.

Ich, der ich gerade erst aus dem Universum des Wissens zurückgekehrt bin, sehe jetzt klar die Dinge, die mich gestern beschäftigt haben, während ich die unzähligen Vielfachen von Formen in ständiger Bewegung wahrnehme, die Geräusche hervorbringen, während sie sich bewegen, und still sind, wenn sie Gottes Stille simulieren.

Der Tag neigt sich dem Ende zu, und das sehr menschliche Gefühl des Hungers befiehlt meinen Schritten, den Weg nach Hause einzuschlagen. Widerwillig machte ich mich auf den Weg aus dem Land der Träume und der wahren Wirklichkeit, um wieder jene Welt der Bewegung wahrzunehmen, aus der mein Körper entsprang. Ich werde mich um die Bedürfnisse meines Körpers kümmern, bis zu einem anderen Zeitpunkt, an dem ich wieder von seinen Bindungen an die Bewegung befreit sein möge. Dann werde ich erneut die Stille suchen, in der Gott darauf wartet, mit den Seinen in Seiner Sprache des Lichtes zu kommunizieren, um die alle Menschen wissen, die wissen möchten.

2
Das Genie steckt in jedem

Walter Russell

Mittelmaß ist selbst gewählt.
Genie ist selbst errungen.
Sie haben die Wahl.

Erst wenn uns klar wird,
dass unser Leben
nicht nur dazu da ist,
dass wir es genießen,
sondern vielmehr eine Aufgabe,
die wir uns gestellt haben,
werden wir einen Sinn
in unserem Leben erkennen
und wirklich glücklich sein.

Vorwort von Robert Betz

Dies ist ein Buch für alle, die sich in ihrem Leben (noch) anstrengen, sich sorgen und sich darüber ärgern, dass sie bisher nur Mittelmäßiges zustande gebracht haben. Es ist für alle geschrieben, die noch glauben, sie seien weniger wert oder zu weniger fähig als die Erfolgreichen dieser Welt.

Mit seinem außergewöhnlichen 92-jährigen Lebenslauf hat der Amerikaner Walter Russell (1871–1963) bewiesen, was ohne jede höhere Schulbildung möglich ist: schöpferische Höchstleistungen mit überragendem Erfolg auf den Gebieten, zu denen dein Herz dich hinzieht. Walter Russell ist in Europa immer noch wenig bekannt, weil er zu Lebzeiten – wie auch heute noch – seiner Zeit weit voraus war. Dies wird sich in den kommenden Jahren ändern. Ich bin sicher, dass er einmal als einer der führenden Wegbereiter einer neuen Erde anerkannt sein wird, auf der Menschen in Frieden miteinander leben und ihr schöpferisches Potential zu größter prachtvoller Entfaltung bringen.

So viele vermissen heute einen tieferen Sinn in ihrem Leben, so viele fühlen sich heute wie früher als Opfer der Umstände, in die sie hineingeboren wurden oder unter denen sie leben müssen. Walter Russell ermutigt jeden von uns, unser Leben vollkommen neu, als ein aufregendes Abenteuer zu betrachten und anzugehen, in dem es darum geht, uns selbst sowie unsere Wünsche und Sehnsüchte in den Mittelpunkt des Lebens zu stellen, um sie mit liebevoller Sorgfalt und auf intelligente Weise in eine erfolgreiche Lebenswirklichkeit umzusetzen.

Unabhängig von Ihrem Alter, Ihrer Herkunft oder Bildung reicht Ihnen Walter Russell in diesem kleinen Vortrag an seine Studenten das Wissen, wie Sie aus Ihrem Leben ein großartiges, einzigartiges und erfolgreiches Projekt, ja ein Juwel, machen können, wenn Sie auch nur ein klein wenig das Verlangen danach in sich verspüren. Unser Leben ist ein Kunstwerk und wir selbst sind der Künstler, der jeden Tag an diesem Kunstwerk arbeitet, um es zu glanzvoller Entfaltung zu bringen. Und während wir dieses Kunstwerk liebevoll täglich vervollkommnen, entdecken wir erst, wer wir wirklich sind: Götterwesen, ausgestattet mit unendlicher Schöpferkraft und grenzenlosem Wissen, das in uns selbst verborgen ist. Walter Russell weist uns den Weg dorthin.

Robert Theodor Betz
www.robert-betz.de

Sorge dich nie darum,
wenn du nicht alles sofort verstehst,
denn bewusste Erkenntnis
wächst langsam.
Das liegt unter anderem daran,
dass der Mensch
überlieferte, falsche Vorstellungen
von den einfachen Gesetzen hat,
die ihn und seine Welt regieren.

Das Genie steckt in jedem

Zu Beginn dieses Vortrags lese ich Ihnen meinen Text aus der *Botschaft der Göttlichen Iliade* vor.

Die *Botschaft der Göttlichen Iliade* ist eine Lichtbotschaft. Sie wird der Welt durch mich gegeben, damit die gesamte Menschheit auf ihrem Weg aus dem Urwald zum Berggipfel einen Schritt höher gelangen kann.

Ich wünsche mir, dass sich diese Worte unauslöschlich in Ihrem Bewusstsein festsetzen, denn sie sind sehr bedeutsam. *Die Botschaft der Göttlichen Iliade* kann derzeit nicht vollständig veröffentlicht werden, sondern nur soweit, wie der Mensch den Inhalt durch ein neues Verstehen zu fassen vermag. Sie muss in den nächsten Jahren über die ganze Welt verbreitet werden, um dem Gespenst der Angst, das zur Zeit im Lande umhergeistert, etwas entgegenzusetzen und um die alte Ordnung der Dinge aufzuheben. Diese hat uns das Leid verursacht, durch das wir gehen mussten – von uns selbst gesät und dann mit Blut und Tränen geerntet. Ich zitiere also:

Mich kennen heißt Ich sein.
Wenn der Mensch das All-Licht kennt,
das alle Dinge an Mich bindet, dann ist er eins mit Mir.
Schaue in Mir das Eine, untrennbar.
In Meinem Universum gibt es nicht zwei Dinge.
Es gibt nur das Eine.
Alles, was ist, gehört zu allem anderen, das ist.
Nichts ist aus sich allein. Alle Dinge sind
unauflöslich miteinander verbunden.
Dies ist eine Welt des Scheins,
eine vorgestellte Denkwelt,
eine Tatwelt des Wünschens.
Was das Bewusstsein ersehnt,
wird nach dem Bilde dieses Wünschens
in Erscheinung treten.

Wünsche dir, was du willst und siehe,
es steht vor dir.
Seit Äonen war es ohne dein Wissen dein,
auch wenn du soeben erst darum gebeten hast.
Sitze nicht einfach und bitte, ohne zu handeln,
denn dein Wunsch
wird ohne die Hilfe deiner starken Arme
nicht den Weg zu dir finden.
Siehe, Ich Bin in allen Dingen
und gebe ihnen eine Mitte;
und Ich Bin außerhalb aller Dinge und lenke sie,
aber Ich Bin nicht die Dinge,
die Ich in sich zentriere
und im sie umgebenden Raum lenke.
Ich Bin das Zentrum Meines Ich-Universums.
Wo immer Ich Bin, dort ist die Mitte aller Dinge,
und Ich Bin überall.

Aus: Die Botschaft der Göttlichen Iliade

Das Genie

Es ist mir ein Anliegen, dem verbreiteten Missverständnis entgegenzutreten, nach dem man zum Genie geboren wird.

Mit »Genie« meine ich eine Bewusstseinsqualität, wie sie so herausragende Genies wie Rubens, Leonardo, Tizian und Raphael besaßen; Philosophen wie Sokrates, Platon, Mark Aurel, Laotse und Konfuzius; Mystiker wie Buddha, Moses, Mohammed, Baha'u'llah und der größte Mystiker aller Zeiten, Jesus von Nazareth. Dann haben wir noch unsere modernen Genies wie Beethoven, Mozart, Chopin, Rachmaninow, Paderewski, Edison, Marconi und ihresgleichen, wie sie insgesamt in den Jahrtausenden der Weltgeschichte nur allzu selten gewesen sind.

Nichts ist in der Menschheit seltener als ein Genie. Unter Hunderten von Millionen gibt es eines. Wir können die Geschichtsbücher durchforsten und sie zählen. Sie passen alle zusammen auf eine sehr kleine Seite; und von diesen wenigen Einzelnen rührt die Kultur der Menschenrasse und ihre Auferstehung aus dem Urwald her. Sie bilden unseren Pfad zu unserem höchsten Gipfel.

Was uns über unsere Seele bewusst ist, stammt von diesen Wenigen, die zunächst Gott in sich selbst fanden und ihre Bewusstwerdung dann auf uns alle ausdehnten – nach Maßgabe unserer Fähigkeit, dieses Bewusstsein aufzunehmen. Und noch seltener sind die Mystiker – einer unter einer Milliarde oder sogar Zehnmilliarden.

Es ist daher wenig verwunderlich, dass die Menschen sagen: »Zum Genie wird man geboren, und für uns gibt es keine Hoffnung.« Ich mache Menschen, die so reden, keinen Vorwurf. Es wundert mich nicht, wenn die Menschen fragen: »Besteht für mich irgendeine Hoffnung?« Es wundert mich nicht, wenn Eltern ihre Kinder, die in der Welt etwas bewirken wollen, entmutigen und ihnen sagen: »In unserer Familie gibt es kein Genie, keinen bedeutenden Musiker, keinen Erfinder. Wir sind Durchschnittsmenschen. Warum willst du deine Zeit verschwenden? Such dir eine Anstellung.« Und das geschieht tausende und abertausende von Malen, wenn Eltern ihre Kinder herabsetzen – inspirierte Kinder, die anfangen, ihr inneres All-Licht kennen zu lernen – die das All-Licht in sich erkennen. Junge Menschen, die solcherart erwachen, hegen kühne Träume. Es ist ein großes Verbrechen, wenn Eltern die Seelen ihrer Kinder derart berauben, sobald diese die innere Stimme des All-Lichtes hören und ihr Ausdruck verleihen wollen.

Wir alle sind im All-Lichte Gottes gleich geboren

Wir alle sind die Erben von allem, was Gott zu geben hat. In jedem steckt das Genie in vollem Ausmaß. Es ist nicht wahr, dass der eine nur einen Teelöffel voll erhält, der nächste eine Schüssel und der dritte einen ganzen Scheffel. Wir alle sind im All-Lichte Gottes gleich geboren. Wir sind Sein allwissendes All-Licht, und Sein All-Licht findet seinen Mittelpunkt in uns. Der einzige Unterschied zwischen dem größten Genie der Welt – und sogar zwischen Jesus, dem größten Mystiker, – und dem Durchschnittsmenschen liegt darin, dass ein Genie um das All-Licht in seinem Inneren weiß und der Durchschnittsmensch nicht. Das allmächtige All-Licht ist in jedem – vollständig – und in seiner ganzen Fülle. Desgleichen liegt im All-Licht eines jeden alles Wissen und wartet darauf, wahrgenommen zu werden.

Wir befinden uns in der Kindheit des Menschengeschlechts

Licht ist das Selbst und die Seele von jedem; das allwissende, allmächtige und allgegenwärtige All-Licht, das Gott ist. Dieses All-Licht des All-Wissens bildet die Grundlage der Schöpfung. Aus diesem einen ruhenden All-Licht entspringen die beiden beweglichen Lichter unseres elektrischen Universums, um das All-Eine zu manifestieren.

Allmählich – und viel zu langsam – werden wir des All-Lichtes nach und nach gewahr. Wir sind erst seit ein paar tausend von den Millionen Jahren der Menschheitsentwicklung dem Urwald entwachsen. Wir befinden uns in der Kindheit des

Menschengeschlechts. Es ist ein Wunder, dass so viele Menschen bereits so viel erkannt haben.

Zu den sogenannten Genies sollten wir nicht die Männer mit großem Wissen zählen, die uns auf der Grundlage von Forschung und Beobachtung die sogenannten Entdeckungen geschenkt haben.

Diese Männer besitzen nicht mehr Wissen als die Urahnen, die das Feuermachen, das Rad, das Boot oder das Segel erfunden haben. Sie ragen nur hervor im Hinblick auf den Umfang ihres Wissens und ihrer Beobachtungen und durch ihr entschlossenes Arbeiten.

Die gesamte materielle Zivilisation ist von einem materiellen Standpunkt aus gewachsen. Die frühen Erfinder von Boot, Segel, Rad und Flugzeug waren nur kühne Beobachter materieller Phänomene. Weitergehende Beobachtungen und Forschungen sowie die aus diesen Beobachtungen gezogenen Schlüsse haben uns dahin gebracht, wo wir jetzt stehen.

Was wir indessen vervielfacht haben, ist unsere Fähigkeit zur Beobachtung materieller Phänomene. Indem wir so unsere Beobachtungsgabe vervielfachten, haben wir auch unsere Verstandes- und Denkkräfte sowie unsere Fertigkeiten vervielfacht – und das alles in dem Bemühen, noch mehr Dinge zusammensetzen und auseinandernehmen zu lernen.

Die Wissenschaft hat wenig Wissen von den Ursachen

Wir haben das Wie gelernt, aber nie das Warum oder das Was. Darum hat die Wissenschaft heute so wenig Wissen über Ursachen. Sie bringt Wirkungen hervor, ohne das Warum dieser Wirkungen benennen zu können.

Die bedeutendsten Wissenschaftler unserer Zeit wissen nicht, was Elektrizität ist – Schwerkraft, Magnetismus, Licht, Leben, Energie oder den Aufbau der Materie können sie ebenso wenig definieren. Ihre Theorien in dieser Hinsicht sind lediglich wilde Spekulationen, die sich so schnell ändern, dass wissenschaftliche Lehrbücher nach wenigen Jahren überholt sind. Daher verfügt die Welt von heute zwar über viele Informationen über beobachtbare Wirkungen sowie über Fähigkeiten im Einsatz von Materialien, sie besitzt aber praktisch kein Wissen. Die Auswirkungen von Bewegung kann man nicht kennen, weil sie vorübergehend, wandelbar und vergänglich sind. Sie können indessen verstanden werden. Wissen liegt in der Ursache, und solange wir die Ursache im Warum der Dinge nicht kennen, haben wir kein Wissen.

Wir können sein, was wir sein wollen

Wo sind wir heute? Nicht Wissen, sondern Informationen und Fertigkeiten haben uns dahin gebracht, wo wir heute stehen. Wissen ist das allmächtige, allgegenwärtige und allwissende All-Licht. Dieses All-Licht befindet sich in seinem gesamten Ausmaß in allem und jedem. Es ist in jeder Zelle unseres Körpers und bildet ihren Mittelpunkt. Es befindet sich in den magnetischen Polen eines jeden und steuert sie. Wer dieses All-Licht der Allwissenheit haben will, braucht nur danach zu fragen. Wissen ist kosmisch, es ist universal. *Wünschen Sie sich an Wissen, was immer Sie wollen, und es wird in Ihnen erblühen.* Sie werden sich des Wissens in einem Blitz der Inspiration plötzlich bewusst. Dieser Blitz ist Ihre Antwort.

Wir sind, was zu sein wir uns ersehnen. Wir können sein, was wir sein möchten. Wenn wir einen Plan für unser Leben entwerfen und uns wünschen, dass sich dieser Plan erfüllt, werden wir, was wir sein wollen. Und alle Gesetze des Universums werden uns dabei helfen. Jeder Schritt zur Entfaltung eines Begehrens führt zu weiterer Entfaltung.

Wünschen Sie sich, groß zu sein, und Sie werden es sein. Wünschen Sie sich zu töten, und Sie können auch töten. Das Universum hilft in beiden Fällen gleichermaßen. Das Universum dient jedem und hilft ihm, sein Begehren zu erfüllen, was dieses Begehren auch sei. *Jeder ist seines Glückes Schmied.*

Wir gestalten unser Leben selbst. Wenn wir mit dem Gesetz des Gleichgewichts arbeiten, erzielen wir ausgewogene Ergebnisse. Wenn wir das Gesetz brechen, zerbricht das Gesetz in demselben Ausmaß uns – und zwar sofort.

In Vorträgen, insbesondere vor Verkäufern, mit denen ich seit vielen Jahren im Gespräch bin, sage ich oft:

Mittelmaß ist selbst gewählt;
Genie ist selbst errungen.

Sie haben die Wahl. Das All-Licht liegt in Ihnen. Ein Genie ist, wer sich seines inneren All-Lichtes ständig bewusst ist, wer in den ausgewogenen Rhythmen des Göttlichen All-Lichtes lebt. Ein genialer Mensch ist gemeinsam mit Gott schöpferisch. Er ist das Bindeglied zwischen Mensch und Gott. Die Genies der Welt geben uns unsere Kultur. Sie erheben die Menschheit.

Wohin die Reise geht

Ein Mystiker ist sich des All-Lichtes noch umfassender bewusst. Er ist höchstes Genie. Jesus, *der* Mystiker aller Zeiten, kann niemals übertroffen werden, aber er kann erreicht werden.

Das Ende der Reise des Menschen besteht darin, es Jesus im vollen kosmischen Bewusstsein des All-Lichtes gleichzutun.

Die gesamte Menschheit wird sich schließlich des All-Lichtes vollkommen bewusst werden, ob sie will oder nicht. Auch wenn der Mensch ins Dunkel geht, muss er zuletzt umkehren und den anderen Weg gehen. Darin hat er keine Wahl.

Wenn er sich genug bestraft hat, indem er auf das Dunkel zugegangen ist, wird er sich umwenden, um sein selbstgewähltes Leiden zu lindern. Jeder von uns geht entweder auf das Dunkel zu oder auf das All-Licht.

Sie entscheiden, welchen Weg Sie einschlagen möchten

Die Entscheidung, welchen Weg Sie gehen, liegt bei Ihnen.

Entweder Sie suchen Gott, oder Sie versuchen, ihm zu entfliehen. Der Mensch, der – wie das große Genie – Gott sucht, lebt in der Welt der Inspiration. Er sucht immer die Verzückung des All-Lichtes. Er lebt in der wunderbaren ekstatischen Welt der All-Einheit, und er ist froh darüber. Er ist nie allein, denn er ist mit Gott – mit Gott denkend – und er ist mit Gott schöpferisch.

Ständig setzt er die Inspirationen um, die Gott ihm eingibt, ob es sich um Musik, Erfindungen, Dichtkunst, Bildhauerei oder ein beliebiges Industrieprodukt handelt.

Jeder Mensch, der sich dazu inspiriert fühlt, Gott angemessen zu manifestieren, bringt das Ausmaß seines eigenen Genies zum Ausdruck, sei es in der Küche, in der Werkstatt oder als Fahrstuhlführer.

Jemand, der mit Freude und Begeisterung, so gut er es vermag, arbeitet, um das Göttliche in sich zu offenbaren, bringt sein Genie zum Ausdruck. Er geht auf das All-Licht zu – indem er versucht, sich des All-Lichtes würdig zu erweisen. Wer sich von Gott entfernt, ist nicht gern allein. Er hat Angst, mit Gott allein zu sein; er hat Angst, allein zu sein, weil er fürchtet, unversehens Gott zu begegnen. Er hat Angst vor Inspiration; er fürchtet sich, die innere Stimme zu sich sprechen zu hören.

Wenn es der inneren Stimme je gelingt, ein Wort anzubringen, stellt er das Radio an, um das Gehörte fortzuschwemmen. Und wenn die ernste Musik nicht schnell genug ist, sucht er nach Jazz, Vorträgen oder Werbung. Er wird die Senderskala vor und zurück drehen – sich woanders hinsetzen – das Radio ausschalten und ausgehen, um Karten zu spielen – eine Bar aufsuchen, um zu trinken und in Gesellschaft anderer, gleich gearteter Leiber körperliche Genüsse zu suchen.

Ein solcher Mensch sucht Gott nicht; er versucht, ihm zu entfliehen. Dieser Mensch geht nicht auf sein Genie zu. Er unternimmt jede Anstrengung, um sich von Gott zu entfernen, sowie er sich in Gefahr sieht, mit seinem Selbst allein zu sein.

Das Genie ist genau das Gegenteil hierzu. Der geniale Mensch sucht den Wald auf, die Stille der Natur. Es verlangt ihn nach guter Musik, guter Literatur, erhebenden Dingen. Der große Schöpfer Rachmaninoff zum Beispiel vervielfacht sich, indem er sich aufteilt und sich in Form dieser Teile der ganzen Welt zu deren Erhebung hingibt. Wer sich von Gott fortbewegt, teilt sich durch sich selbst. Aus dieser selbstgesäten Saat erntet er Mittelmaß und das Scheitern beim Streben nach ewigen Werten.

Woran Sie Ihr Genie erkennen

Sie, der Sie im Konzert Rachmaninoff hören und sagen: *Zum Genie wird man geboren* oder *Ich bin einfach nicht genial* – der Sie Tschaikowsky oder Beethoven hören – oder irgendeine andere Musik, die im himmlischen Rhythmus schwingt – in jenem Rhythmus, bei dem Sie Ihren Körper vergessen, wie der Komponist den seinen vergaß beim Komponieren – Sie, dem beim Hören solcher Musik Schauer über den Rücken laufen:

Sie sind wie ein Spiegel, in dem sich jenes Genie widerspiegelt. Seine Inspiration hallt in Ihnen wider. Sie werden von ihm re-inspiriert, und das ist der Beweis für Ihr eigenes Genie, ob Sie es ausleben oder nicht und gleichgültig, ob Sie jemals in Ihrem Leben etwas getan haben, um Genialität zum Ausdruck zu bringen.

Wenn Sie in dieser Weise von jemand anderem inspiriert werden, vervielfachen Sie Ihr Selbst, indem Sie wissentlich eins werden mit dem Selbst anderer. Sie vereinigen Ihre Seele mit der Universalen Seele, indem Sie der Universalen Seele zunehmend gewahr werden. Allein die Tatsache des Widerhalls in Ihnen ist der Beweis für Ihr eigenes Genie. Sie lieben diese Musik, und hinterher gehen Sie allein spazieren, um die Ekstase der wunderbaren Harmonien in sich wirken zu lassen.

Tagelang klingen diese in Ihnen nach und wispern die Spiegelung kosmischer Rhythmen zu Ihnen zurück. Tagelang pulsieren sie in Ihrem Herzen und werden so ein Teil – ein beständiger Teil von Ihnen. Es ist, als wollten sie Ihnen sagen: »Sei Ich. Ich Bin das All-Licht.«

Die Musik, die Sie gehört haben, war die innere Stimme des All-Lichtes. Sie war die Tür zum All-Licht, durch die Sie eintreten können. Immer, wenn Sie gute Musik hören oder gute Kunst betrachten – immer, wenn Sie von etwas inspiriert und in irgendeiner Weise erhoben werden, gehen Sie auf Ihr eigenes Genie im All-Licht zu und entfernen sich vom Mittelmaß.

Ein Wesenszug des Genies – die große Sehnsucht nach Alleinsein

Die Früchte des Genies fallen uns allerdings nicht einfach in den Schoß. Man kann ein wunscherfüllter Denker sein, müßig herumsitzen und darauf warten, dass sich die eigenen Gedanken in der Materie manifestieren. Aber allen großen Genies, die ich kennen gelernt habe, sind bestimmte Eigenschaften gemeinsam, und eine der wichtigsten ist deren Fähigkeit, hart zu arbeiten.

Sie finden Inspiration in ihrer großen Naturverehrung und in einem tiefen Wunsch, allein zu sein. Ihr Gewahrwerden Gottes wird so im *All-ein-sein* mit dem Selbst geboren.

Die persönliche Bekanntschaft mit Männern wie Paderewski, Leopold Godowsky, George Gershwin, Ossip Gabrilowitsch, Victor Herbert, John Philip Sousa, Caruso und anderen Musikern; mit Coolidge, Shapley, Michaelson, Millikan, Jeans, Edison und anderen bedeutenden Wissenschaftlern und Erfindern erbrachte für mich den lebendigen Beweis, dass diese Männer ihr Genie durch ihr Zusammenwirken mit Gott entfaltet hatten. In ihrem Einssein mit der Quelle wurden sie unempfänglich für Müdigkeit, und ihre innere Bewusstheit wird an ihrer anscheinend grenzenlosen persönlichen Kraft zur erfolgreichen Arbeit deutlich.

Das innere Himmelreich

Genauso fand auch ich das *innere Himmelreich* in mir. Ich gehe und spreche bewusst mit Gott, seit ich sieben Jahre alt bin. Alles, was ich hervorgebracht habe, wurde zusammen mit Gott erschaffen in jener geistigen Ekstase, die Gottes unwandelbares Wesen ist.

Alles, was ich erreicht habe, gelang deshalb, weil ich mir bewusst war, dass Gott mit mir arbeitete – durch mich vollbringend als ein Bewusstsein – durch mich vollbringend als ein Denkender – nicht zwei- oder dreimal täglich vor und nach dem Essen durch das regelmäßige Aufsagen von Gebeten, sondern ständig, bewusst, jeden Augenblick.

Ich glaube, ich habe noch nie mit Worten gebetet. Ich bete durch Wunsch. Ich bete durch bewusstes Wünschen. Ich bete in Vorstellungen – Vorstellungen von der Gesamtidee, nicht von ihren Bestandteilen. Ich gehe abends nie zu Bett, ohne bewusst diese Art von Gebet zu denken, in dem ich mir in umfassenden Vorstellungen wünsche, was der morgige Tag für mich sein soll. Ich schwäche mein Gebet nicht dadurch ab, dass ich versuche, es in Worte zu kleiden. Ich erhalte meinen Wunsch kraftvoll, indem ich ihn nicht in Worte oder Teile untergliedere. Meine Gebete sind keine Konversationen, sondern Kommunionen.

Die große Bedeutung unserer Tage und Nächte

Die Nacht ist der wichtigste Teil des Lebens. Wir vergeuden unsere kostbaren Nächte, weil wir nicht wissen, was Schlafen heißt und welcher Teil von uns schläft. Mit Sicherheit schläft nicht unser Bewusstsein. Es steht auch fest, dass es so etwas wie Bewusstlosigkeit nicht gibt.

Das müssen wir wissen, damit wir unsere Nächte dazu nutzen, unsere Reise zu unserem Gipfel zu beschleunigen, und uns nicht auf den Tag beschränken. Der

Tag ist zum Denken und Handeln da; in der Nacht gewinnen wir neues Wissen und Inspiration, damit wir Gott in meisterhafter Weise manifestieren.

Wenn unser Denken das All-Licht in uns ausdehnt, sind unsere Schöpfungen Meisterwerke – und das muss so sein, denn Gott lässt uns nicht scheitern, wenn Er uns mit Seinen mächtigen Rhythmen inspiriert.

Gott lässt nicht zu, dass Mittelmaß durch uns weitergegeben wird, wenn die Ekstase unseres Denkens die Ekstase Seines Denkens widerspiegelt.

Die Ganzheit Seines Wissens und der Rhythmus Seiner Ekstase in uns bewirken, dass wir jede Zeit und alles Körperliche vergessen – alles außer dem Geist in uns.

Indem wir so denken, entfalten wir unser Genie. In gleicher Weise beleben wir unseren Körper neu durch die innere Freudigkeit des Bewusstseins, die den Körper von den durch Ängste, Sorgen und Monotonie entstehenden Giftstoffen befreit.

Jeder, der sich wünscht, das ihm innewohnende Genie solcherart zu erwecken, kann dies tun durch den Wunsch, es zu erwecken.

Kosmisches Bewusstsein

»Wie kann ich kosmisches Bewusstsein erlangen?«, fragen die Menschen. »Wie kann ich kosmisch geschult werden, so wie Sie?«

Man hat mich oft gebeten, von meiner Versetzung in jenen seltenen Zustand des Wissens, der als Kosmisches Bewusstsein bezeichnet wird, zu erzählen.

Ich habe, seit ich neun Jahre alt bin, nie mehr offiziell eine Schule oder Universität besucht, aber ich habe eine über-universitäre Ausbildung und Schulung vom Kosmos erhalten, indem ich mit Gott ging und sprach.

Von meinem siebenten Lebensjahr an habe ich jedes Jahr im Mai kosmische Erleuchtung erfahren. Während dieser Phasen musste ich für zehn Tage oder länger die Einsamkeit des Waldes aufsuchen. Die Essenz dieser Erleuchtungserfahrungen habe ich aufgezeichnet und in *Das Buch der frühen Eingebungen* veröffentlicht (s. S. 9 in diesem Band). Alle sieben Jahre waren diese Erlebnisse besonders intensiv. Im sieben mal siebenten Jahr dieser großen Erleuchtungen – mit neunundvierzig Jahren – erfolgte die großartigste dieser wiederkehrenden Erleuchtungen.

Damals blieb ich neununddreißig Tage und Nächte im kosmischen Zustand der Allwissenheit. Während dieser neununddreißig Tage der Erleuchtung wurde *Die Botschaft der Göttlichen Iliade* geschrieben.

Diese göttlich inspirierte kosmische Botschaft wurde uns von unserem Vater gegeben, damit der Mensch sich durch ein neues Begreifen Seines ruhenden All-Lichtes und Seines Universums von elektrischen Wellen aus wanderndem Licht selbst transformieren könne.

Viele Menschen wünschen sich kosmische Erleuchtung in vollem Ausmaß, so wie die großen Mystiker sie erfahren haben. Diese selten auftretende Erfahrung ist äußerst gefährlich, denn es ist sehr schwierig für das abgetrennte Bewusstsein, wieder mit normaler Koordination von Wahrnehmung und Bewusstsein im Körper zu funktionieren.

Der beste Weg, All-Licht zu erlangen ist, sich des All-Lichtes nach und nach bewusst zu werden. Suchen Sie das All-Licht, indem Sie es sich wünschen. Dann werden langsam, während die innere Stimme Sie durch Inspiration erweckt, neue Bewusstheit und ein neues Verständnis in Ihnen erwachen.

Es ist besser, sich allmählich zu transformieren, während die gesamte Menschheit ebenfalls auf den Gipfel zumarschiert. Denn wer alles auf einmal bekommt, erleidet die Kreuzigung und die Einsamkeit, die damit verbunden sind, wenn man seiner Zeit voraus ist, und man muss lange Jahre geduldig warten, in denen man vielleicht nicht einmal davon sprechen darf.

Transformation für immer

Ich schließe meinen Vortrag mit einem Zitat aus meinem Buch *Geheimnis des Lichtes*:

Seit Ewigkeiten sucht der Mensch das All-Licht,
dass es ihn leite
auf dem langen, beschwerlichen Weg,
der vom Urwald des Körpers
zum Gipfel seiner erwachenden Seele führt.
Seit Ewigkeiten findet der Mensch dieses All-Licht
und wird auf ewig transformiert, wenn er es findet.
Und indem er es findet, findet er allmählich sein Selbst,
welches das All-Licht ist.
Und da er durch das Gottes-All-Licht
des in ihm erwachenden Selbstes
immer mehr transformiert wird, lässt er den Urwald
immer weiter im Dunkeln hinter sich.
Da sind jene, die das All-Licht suchen,
und der Mut verlässt sie,
da sie es scheinbar nicht finden.
Dabei ahnen sie nicht, dass sie ewig Findende sind.
Die Unwissenden erwarten,
in einem blendenden Blitz der
Allmacht, Allwissenheit und Allgegenwart
alles auf einmal zu finden.
Aber in dieser Art kommt es erst,
wenn man dem Gipfel sehr nahe ist.
Der Mensch kann so viel All-Licht auf einmal
nicht ertragen, solange sein Körper
noch unerfahren und seinem Urwald nahe ist.

Wer den Urwald ein Stück hinter sich gelassen hat,
besitzt bereits genug All-Licht, um sich den Ausweg
aus den düsteren Tiefen zu beleuchten.
Wer weit vom Urwald ist und immer weiter
das All-Licht in den Höchsten Himmeln sucht,
findet es immer wieder und wird immer wieder
im Finden transformiert.
Der Suchende darf keinen Augenblick
die Augen von seinen Höchsten Himmeln
abwenden, denn der kleinste Blick nach unten
in die Dunkelheit bringt ihn zurück
zu den Ängsten der Dunkelheit, die ihn
dazu verleiten wollen, wieder in sie einzutauchen
Die dunkle Straße vom Urwald des Menschen
bis zu seinem glorreichen Gipfel
leuchtet immer heller, während der Mensch
von seinem Körper zum Geiste emporklimmt.
Es ist ein beschwerlicher, aber wunderbarer Aufstieg.
Jeder muss ihn bewältigen.
Der Aufstieg des Menschen
von der Dunkelheit ins All-Licht
ist das immer wiederkehrende Spiel,
das der Mensch auf diesem Planeten spielt.
Wenn die gesamte Menschheit
das All-Licht gefunden hat,
ist das Spiel zu Ende.
Auch der Planet ist dann nicht länger
eine Bleibe für den Menschen.
Die Erde wird dann hinaus in ihre
sich ständig vergrößernde Umlaufbahn
gerollt werden, und die Venus wird allmählich
ihre Stelle einnehmen,
um uns zur Bühne für den nächsten Akt
beim Aufstieg des Menschen

im Sonnensystem zu werden.
Wir als Spieler müssen daher einverstanden sein
mit den Spielregeln, die uns jeden Augenblick
im All-Licht enthüllt werden.
Desgleichen müssen wir während
unserer ständigen Transformation immer mit Freude
dabei sein, denn jeder von uns lernt seine Rolle,
Zeile für Zeile, um das Spiel immer besser zu spielen.
Alle Teile des Spieles sind Erfahrungen,
die zu Spielhandlungen werden.
Alle Erfahrungen des Menschen sind
Teil seiner Entfaltung.
Jede Erfahrung ist ein Teil
seiner Reise vom Dunkel ins All-Licht.
Alle Erfahrungen sind Schritte
auf dem Weg des Menschen aus dem Urwald
zu seinem glorreichen Gipfel.
Daher sind alle Erfahrungen gut.
Es gibt nichts als Gott.
Es gibt nichts Böses. Es gibt nichts als Leben.
Es gibt keinen Tod.

***

Ich ende, wie ich begonnen habe, indem ich Sie an die flammenden Worte aus der *Botschaft der Göttlichen Iliade* erinnere, die Sie sich zu Ihrem eigenen Heil bitte merken sollten:

Der Mensch ist All-Licht,
wenn er weiß, dass er All-Licht ist.
Nur durch Mein All-Licht allein
kann der Mensch Mich erkennen.
Mich kennen heißt Ich sein.

Wenn der Mensch das All-Licht kennt,
das alle Dinge an Mich bindet,
dann ist er eins mit Mir.

Die einzig dauerhaften Freuden
sind das Streben nach Wissen
und das Glück
des Verstehens.

***

Lebe immer im Einklang
mit dem Vornehmsten in dir.
Das ist der Weg der Harmonie
mit dem Universum.

Antworten auf Fragen von Schülern

Im All-Licht sind alle Fragen beantwortbar.
Du bist All-Licht. Du kannst sie beantworten.

Ich gebe Ihnen diese wunderbaren Worte aus der *Botschaft der Göttlichen Iliade* hier wieder, weil das in ihnen enthaltene Versprechen eine ständige Erinnerung daran ist, dass die Antwort auf jede Frage in Ihnen selbst liegt. Vollständiges Wissen – oder Allwissenheit – zentriert Ihr Bewusstsein, aber die Entfaltung von Bewusstheit verläuft in einem Prozess, der sich an der Intensität Ihres Verlangens orientiert.

Ich möchte daran erinnern, dass Sie, wenn Sie in irgendeiner Frage, die Sie verwirrt, nach einer Antwort suchen, immer im Hinblick auf die *Ursache* und nicht im Hinblick auf die *Wirkung* suchen sollten. Ein Arzt, der eine Wirkung durch eine andere Wirkung heilen wollte, würde nur herumprobieren. Oft würde ich am liebsten sagen, dass, wenn jede Frage auf der Welt mit einem einzigen Wort beantwortet und jedes Problem mit einem einzigen Wort gelöst werden müsste, dieses eine wunderbare Wort *Gleichgewicht* heißen würde.

Gleichgewicht ist der Schlüssel für die Antwort – oder die Lösung – bei jedem Problem, das aus der Wechselwirkung zwischen den zwei entgegengesetzten Pendelausschlägen eines Gleichgewichtszustandes entstanden ist. Daher rate ich Ihnen, stellen Sie die Frage, die Sie mir oder irgendjemandem sonst stellen wollen, zuerst sich selbst und schauen Sie, ob die Antwort nicht in Ihnen selbst klar und deutlich vorhanden ist. Gehen Sie zurück zum Nullpunkt des Gleichgewichts – genau wie ein Buchhalter in der Bank, der sein Soll und Haben von diesem Nullpunkt aus berechnet, bis die Konten ausgeglichen sind.

Im Verlauf dieser Lektionen werden viele Fragen auftauchen, wo Sie die Dinge nicht gleich klar sehen. Sie werden allerdings feststellen, dass die Antwort auf das, was Sie jetzt verwirrt, in der nächsten Lektion erfolgt – oder in der übernächsten –, dass sie jedoch schon jetzt in Ihnen liegt, wenn Sie zum Nullpunkt der *Ursache* im *Gleichgewicht* zurückgehen, wo der Ursprung liegt.

Unter den vielen Fragen, die mir gestellt werden, sind die im Folgenden aufgeführten ganz besonders typisch.

***

Frage: Ich bin sehr verwirrt im Hinblick auf meine individuelle Seele und das, was Sie die Universale Seele nennen. Wenn meine individuelle Seele, von deren Existenz ich ausgehe, Teil der Universalen Seele ist wie ein Tropfen Wasser Teil des Ozeans, wie kann sie dann trotzdem beim Reinkarnieren meine individuelle Seele sein, wenn ihre Identität in der Universalen Seele aufgeht, wie ein Wassertropfen seine Identität verliert, wenn er zum Ozean zurückkehrt?

Antwort: Diese Frage greift einer späteren Lektion vor, aber eine kurze Antwort vorab wird nicht nur Ihre Neugier befriedigen und den Schleier Ihrer Verwirrung teilweise lüften, sondern auch dazu beitragen, dass Sie auf die Lektion vorbereitet sind, wenn sie kommt.

Die Antwort lautet, dass Gott mit einem wunderbaren Buchhaltungssystem alle Gedanken und Taten Seines vorgestellten Universums scheinbar getrennter Dinge bucht. Alle Gedanken werden ständig auf eine Weise, die ich später erklären werde, aufgezeichnet. Alle Ihre Gedanken, Wünsche und Taten bilden in ihrer Gesamtheit Ihre Individualität. Sie werden elektrisch aufgezeichnet in einem Bewegungszustand, der jenes ruhende Bewusstseinszentrum umgibt, das Ihre Seele ist, genau wie ein ruhendes Schwerkraftzentrum von beweglicher Erdmaterie umgeben ist.

Falls Ihre Individualität sich aus Gedanken und Handlungen zusammensetzt, die sich von den Gedanken und Taten anderer Individuen unterscheiden, können Sie Ihre Individualität nicht mit einem Wassertropfen vergleichen, da dieser keine individuellen Wünsche hat, die ihm ein von anderen Tropfen im Ozean verschiedenes Muster verleihen.

Ein besseres Bild ist der Samen einer Rose, denn die Rose verfügt über Wünsche und Handlungen, die ihr Knospen und Entfalten formen. Ein Rosensamen an sich ist nur ein Stück irdische Materie, und wenn Sie ihn in die Erde legen, ist er ebenso sehr Erde, wie der Wassertropfen der Ozean ist. Aber – etwas ist an diesem Samen, was man nicht sieht und nicht sehen kann. In diesem Samen ist in eingefalteter Form dieselbe Rose enthalten und wartet auf ihre Entfaltung in einem neuen Körper aus irdischer Materie.

Was Sie von dem Samen gesehen haben, ist nur der Nährstoff für die sich entfaltende Rose im Embryonalzustand. Der Samen ist so sehr Erde, wie der Wassertropfen Ozean ist, aber aus dieser Erde gehen zehntausend mal zehntausend individuelle Formen hervor, denn in der Erde liegen zehntausend mal zehntausend individuelle Aufzeichnungen von Wünschen.

***

Frage: Ich bin fünfundsechzig Jahre alt und überlege, wie ich meine finanziellen Verhältnisse verbessern kann. Jeder meiner Freunde rät mir etwas anderes, und ich weiß nicht, welchen Rat ich befolgen soll. Können Sie dazu etwas sagen?

Antwort: Fragen Sie Gott danach. Er wird es Ihnen sagen, denn die Antwort liegt in Ihnen selbst. Niemand kann Ihnen raten, wenn er sich nicht Ihr Problem ganz zu eigen macht, und das geschieht nur sehr selten. Sie können niemandem das Problem vollständig erklären, selbst wenn Sie es versuchen.

Je mehr Sie darauf verzichten, mit anderen Menschen über Ihre Probleme zu sprechen, und diese Zeit in Einheit mit Gott verbringen, umso kraftvoller werden Sie als Ihr eigener Führer. In der *Göttlichen Iliade* finden sich folgende Worte:

Suche Mich, lerne Mich kennen,
sei eins mit Mir.
Sei der Angelpunkt deiner eigenen Kraft.

Das ist Ihr Pfad zu Ihrer Unabhängigkeit.

***

Frage: Zu manchen Zeiten leiste ich sehr gute Arbeit. Alles geht schnell, und ich fühle mich meiner selbst sicher. Dann wieder sind meine Kräfte und Fähigkeiten wie weggeblasen, und ich mache viele Fehler, über die ich mich ärgere. Was ist da los? Hat es mit Konzentrationsschwierigkeiten zu tun?

Antwort: Ihr Problem ist nicht die Unfähigkeit, sich zu konzentrieren, sondern die Unfähigkeit, die beiden Pendelausschläge Ihres Denkens miteinander ins Gleichgewicht zu bringen. Wenn Sie gut und voller Freude arbeiten und alles schnell und ohne viele Fehler klappt, liegt das daran, dass Sie sich nach einer Phase der Zerstreuung oder Ruhe normal konzentrieren.

Wenn Sie morgens anfangen zu arbeiten, sind Sie zunächst noch frisch, was bei normaler Routinearbeit zwei bis drei Stunden anhält. Dann setzt Erschöpfung ein, weil Sie Ihre Anstrengungen nicht in ein Gleichgewicht bringen.

Wenn Sie Ihr Denken für einen Haltepunkt öffnen – es weiten – nur ein paar Minuten einfach an gar nichts denken – werden Sie feststellen, dass Sie weitere zwei oder drei Stunden arbeiten können – und Sie können das den ganzen Tag acht bis zehn Stunden lang so weiterführen, wenn Sie sich zwischendurch immer wieder kurze Intervalle gönnen, in denen Sie die Intensität Ihres konzentrierten Denkens entspannen.

Halten Sie einfach inne und schauen Sie aus dem Fenster – oder in den Himmel – nur für kurze Zeit, und Ihre Spannkraft wird sich neu dehnen, als würden Sie eine Uhr aufziehen.

Die Fähigkeit, sich vollkommen zu dezentrieren – und sei es nur für eine Sekunde – vervielfacht Ihre Konzentrationskraft. Ist Ihnen schon einmal aufgefallen, dass ein freier Redner manchmal für eine Sekunde innehält? Ein leerer Ausdruck tritt in jener einen Sekunde der intensiven Dezentrierung in seine Augen, und er erhält in jenem kurzen Augenblick »aus dem Blauen« mehr, als er Ihnen in der nächsten halben Stunde erzählen kann. Er hat sich dezentriert, um sich inspirieren zu lassen und von außerhalb der Zeit eine Idee zu bekommen, die er dann über einen Zeitraum hinweg entfalten kann.

Alles Wissen kommt zeitlos, aber es auszudrücken erfordert Zeit.

***

Frage: Kann man sich dezentrieren und dabei weiter arbeiten?

Antwort: Nein, es sei denn, es handelt sich um rein automatisches Tun wie Fließbandarbeit. Je kreativer Ihre Arbeit ist, und je mehr Denken sie erfordert, umso wichtiger ist es, sich zwischendurch zu dezentrieren, um wieder mehr Wissen zu erhalten, dem Sie denkerisch eine Form geben können. Erfinder, Geschäftsleute oder Musiker mit ihrer kreativen Arbeit müssen ihre verstandesmäßige Existenz dem GEIST absolut unterordnen. Sie müssen wissen, bevor sie denken. Bevor Sie darüber nachdenken, wie Sie etwas tun, müssen Sie eine Vorstellung davon haben, was Sie tun wollen, und das Denken wiederum muss vor dem Handeln erfolgen, mit dem Sie Ihrem Denken einen Körper verleihen. Aber Sie können sich nicht dezentrieren, um zu empfangen, und gleichzeitig den Gedanken einen Körper verleihen, es sei denn, Ihre Arbeit erfolgt automatisch, und Sie handeln somit als Automat.

***

Frage: Was tun Sie persönlich, um sich bei Ihrer Arbeit zu konzentrieren und zu dezentrieren?

Antwort: Ich beginne mit der jeweils wichtigsten Arbeit. Wenn es sich dabei um eine Porträtsitzung handelt, beginne ich erfüllt von der Tatkraft, die auf eine lange Nacht der Dezentrierung folgt – Ruhe vom Denken und Ruhe vom Körper – verstärkt durch zwei Stunden Spazierengehen, Reiten oder Schlittschuhlaufen. Dann arbeite ich zwei Stunden, denn ich weiß aus Erfahrung, dass ich zwei Stunden lang kreativ arbeiten kann. Dann höre ich auf, dezentriere mich kurz und arbeite dann in der gleichen Qualität noch zwei Stunden an etwas anderem weiter – und das kann ich zehn bis vierzehn Stunden ohne Unterbrechung so aufrechterhalten, ohne mich jemals erschöpft zu fühlen.

Während einer zweistündigen Porträtsitzung mache ich etwa alle halbe Stunde (nicht von der Uhr diktiert, sondern nach Gefühl) eine Pause, in der ich mich vollkommen dezentriere. Am liebsten entspanne ich mich, indem ich am Klavier ein bisschen improvisiere. Wenn ich dann zu meiner Porträtsitzung zurückkehre, sehe ich die Dinge »mit anderen Augen«, wobei dieser Ausdruck deutlich macht, dass die lange Konzentrationsphase während des halbstündigen Arbeitsabschnittes meine Wahrnehmung getrübt hatte.

***

Frage: Ich bin gerade mit dem College fertig, frisch verlobt und suche eine Anstellung. Anfänger verdienen in dem Beruf, den ich gerne ausüben möchte, zu wenig zum Heiraten. Ich kann aber eine Anstellung als Bankkassierer bekommen. Was würden Sie mir raten?

Antwort: Sie sollten mit der Arbeit beginnen, die Sie lieben, auch wenn das Gehalt noch so niedrig ist, und warten, bis Sie genug verdienen, um heiraten zu können. Entweder Sie warten, oder Sie heiraten jetzt schon, und beide Partner sind berufstätig.

Die unglücklichsten Menschen auf der Welt sind die, denen ihre Arbeit keine Freude bereitet.

***

Frage: Mein ganzes Leben lang habe ich mir gewünscht, Bilder zu malen, aber ich fand neben der Sorge um den Lebensunterhalt für die Familie nie die Zeit dazu. Bin ich jetzt mit sechzig zu alt, um noch anzufangen?

Antwort: Nein, Sie sind nie zu alt, um irgendetwas zu tun, was Sie von Herzen gern tun möchten. Sie würden Freude haben, wenn Sie so Ihr schöpferisches Selbst zum Ausdruck bringen könnten, und sich dabei nie einsam fühlen. Sie dürfen allerdings nicht fest darauf rechnen, noch ein Meister zu werden. Aber wenn Sie Liebe in Ihr Werk investieren, wird es gut sein, und andere werden die von Ihnen eingebrachte Liebe wahrnehmen.

***

Frage: Ich mühe mich sehr ab, um durchs College zu kommen. Lohnt sich das, oder wäre es klüger, mir eine Anstellung zu suchen, wo ich etwas Praktisches lernen kann?

Antwort: Diese Frage können nur Sie allein beantworten. Die Antwort liegt in Ihnen. Suchen Sie in der Meditation nach ihr.

Aber ganz allgemein gesprochen kommen aus dem College zwei Sorten von

Menschen – die vielen, die lernen, sich zu erinnern und zu wiederholen, und die wenigen, die lernen, zu denken und zu wissen. Wenn Sie zu letzteren gehören, lohnt es sich; sonst nicht.

***

Frage: Meine Schwester ist hübsch, ich bin unscheinbar. Sie erhält alle Aufmerksamkeit, und ich bin immer das Mauerblümchen. Ich habe Angst, einen Minderwertigkeitskomplex zu entwickeln. Können Sie mir helfen, das zu vermeiden?

Antwort: Sie können das verhindern, indem Sie Ihre Persönlichkeit entwickeln und auf diese Weise hübscher und attraktiver werden.

Das Geheimnis der Schönheit liegt bei jedem Menschen darin, gute Gedanken zu hegen, die unsere Züge zum Leuchten bringen. Das Geheimnis der Attraktivität liegt in der Entwicklung einer anziehenden Persönlichkeit.

Eine der attraktivsten Frauen, die ich je kennen gelernt habe, war die Nazimowa, aber niemand würde sie hübsch nennen, und sie würde sich auch selbst nicht dafür halten. Persönlichkeit ist eine viel stärkere Kraft als bloße körperliche Schönheit. Rein äußerliche Schönheit steht der Entwicklung einer anziehenden Persönlichkeit oft sehr im Wege.

***

Welche Bestimmung du auch für dich vorsiehst,
du kannst dein Ziel erreichen, wenn dein Wunsch,
es zu erreichen, stark genug ist.
Nur der Wunsch ist maßgeblich,
weder Geld, noch Familie, noch Stellung.
Der Einfluss von niemand anderem
kann dich groß machen.
Du allein bist der Lenker deines Schicksals.
Denke nicht an das Altwerden. Vergiss dein Alter
und richte deinen Geist auf konstruktive Dinge.
Denke daran, die Zukunft gehört denen,
die sich auf sie vorbereiten.
Mache aus deinem Leben ein Abenteuer, sei willig
und bereit, jeder Herausforderung auf deinem Weg
zu begegnen, und deine persönliche Entfaltung
wird bald Wirklichkeit werden.

Brief an die Schüler

Swannanoa, Waynesboro, Virginia

Liebe Freunde,

einmal mehr möchten wir euch mitteilen, wie viel Freude eure wunderbaren Briefe uns bereiten und wie viel Befriedigung und Ermutigung sie uns geben, weil sie so viele Beispiele dafür enthalten, welch große Kraft daraus erwächst, wenn wir Gottes Wege des Denkens und Arbeitens besser verstehen. Besonders tief berührt hat unsere Herzen der große Erfolg eines Kunstfreundes, der nie studiert hatte, aber aus lauter Liebe zur Natur und dem Drang nach Selbstausdruck wunderbare Bilder gemalt hat.

Fast über Nacht erlangte er aus tiefer Inspiration eine ungeheure Kraft. In den Wochen danach malte er Bilder, die so weit jenseits von allem lagen, was er zuvor zustande gebracht hatte, dass er selbst erstaunt war, wenn auch nicht überrascht, denn er wusste, in seiner Seele war etwas Wunderbares geschehen. Er spürte nun bei jedem Pinselstrich, dass er zum ersten Mal in seinem Leben bewusst mit Gott arbeitete.

Das zeigt, was ich meine, wenn ich sage: »Wenn jemand bewusst mit Gott arbeitet, sind Gottes Hände mit den seinen gemeinsam tätig.«

Einen anderen Brief schrieb jemand, der spürte, dass er plötzlich im Hinblick auf die Lösung eines persönlichen Problems etwas verstanden hatte. Auch das ist ein Beispiel für Gott-Bewusstsein. So kommt es immer – plötzlich – denn alle inspirierten Konzepte sind zeitlos. Wissen ist eine Qualität des ungeteilten Bewusstseinsuniversums, in dem es keine Zeit gibt. Bewusstseinsgedanken erfordern allerdings Zeit, denn Gedanken sind geteilte Wellen, und Wellen sind mit dem universalen Herzschlag synchronisiert, der die Vorstellung von Zeit erschafft.

Ist euch auch klargeworden, dass die Genies der Welt jene sind, die mehr Zeit in Einsamkeit und Abgeschiedenheit verbringen als andere? Denn in ihrer Einsamkeit finden sie die Ekstase, die der größte Segen ist, den Menschen kennen lernen können. Nehmt euch daher Zeit, euren Körper so sehr loszulassen, wie ihr könnt. Wenn eure Aufmerksamkeit auf euren Körper gerichtet ist, könnt ihr einsam sein, entsetzlich einsam und niedergeschlagen – aber nie, wenn es euch gelingt, die Verzückung und Ekstase zu finden, die in eurer Seele liegen.

Ich weiß dies aus einem ganzen Leben des Arbeitens, in dem ich meine volle Aufmerksamkeit auf den ewigen Menschen gerichtet habe, der ich bin, anstatt auf den vergänglichen Körper, der lediglich das Instrument für meinen Selbstausdruck darstellt. Daher konnte ich meine Ausdruckskraft gegenüber dem, worauf sich der Mensch selbst begrenzt, wenn er an sich als an einen Körper denkt, um ein Vielfaches steigern.

Hierin liegt das Geheimnis der Selbsterforschung. Hierin liegt bei jedem Menschen der Unterschied zwischen Größe und Mittelmaß, Stabilität und Instabilität sowie zwischen Stärke und Schwäche.

Die Vervollständigung eurer Selbsterforschung sollte euer größtes Abenteuer sein, ein erregendes, faszinierendes persönliches Abenteuer von dem Teil in euch, der Visionen hat im Gegensatz zu dem Teil in euch, der Visionen wahrnimmt. Das ist die eine großartige Sache, die dem Leben Würze verleiht, das Etwas in euch, das Verdruss überwindet und beiseite räumt, als gäbe es ihn gar nicht, das kein Hindernis auf irgendeinem Abschnitt zwischen eurer Vision und ihrer Erfüllung sieht.

Das Leben ist prachtvoll, wenn es voll und ganz so ist – und es IST wirklich ganz so, wenn das Ewige tief in eurem Innern euch alles außer dem Ewigen in Gottes Universum vergessen lässt – der Rest ist eine Illusion, die euch nicht wirklich berühren kann, wenn ihr wisst, dass sie es nicht kann.

Da immer mehr von euch mit der Praxis der bewussten Zusammenarbeit mit Gott gründlich vertraut werden, bis sie zur Gewohnheit geworden ist, wird die Welt immer mehr darüber erfahren, und es wird wieder Genies geben wie während der dreihundert Jahre nach der großen Renaissance, die uns so viele inspirierte Genies schenkte, angefangen von Leonardo da Vinci, Michelangelo und anderen, über Liszt, Chopin und Wagner, Tennyson, Shakespeare und Keats bis hin zu den neueren Genies wie Kipling, Dickens, Walt Whitman und Thomas Jefferson.

Jeder Mensch ist von Haus aus ein Genie, und die Anzahl der Genies auf der Welt sollte ständig größer werden. Ihr tragt es in euch, genauso wie eure Söhne, eure Töchter und eure Freunde. Der größte Mensch, der jemals gelebt hat, ist nicht größer als ihr, nur dass er um seine Größe wusste und etwas daraus machte.

Die Hoffnung der Welt und ihrer Kultur liegt darin, dass mehr Genies hervorgebracht werden, und die einzige Möglichkeit, mehr Genies hervorzubringen besteht darin, den Menschen ihr Genie bewusst zu machen. Umgekehrt kann man die Menschen nur so dazu bringen, ein Maximum an Glück im Leben zu verwirklichen, denn Genies sind die einzigen, die in der Lage sind, wirkliches Glück kennen zu lernen. Mit *Genie* meine ich nicht nur das künstlerische Genie, sondern jeden Menschen, der gelernt hat, sein Leben in aller Herrlichkeit zu leben und es voll auszuschöpfen.

Darum betonen wir immer wieder, wie wichtig es ist, Gott so zu erfahren, dass ihr euch in Ihm widergespiegelt seht oder spürt, dass ihr eine Erweiterung von Ihm seid. Je mehr ihr euer Genie entfaltet, desto besser könnt ihr die Welt auf die Ebene emporheben, die ihr selbst erreicht habt. Habt ihr euch jemals klar gemacht, dass es keine Kriege gäbe, wenn die Welt aus lauter Genies bestehen würde?

Das ist eine Tatsache, denn das Genie im Menschen ist Gottesbewusstheit. In dem Maße, wie die Gottesbewusstheit zunimmt, nimmt der Materialismus ab – und nur Materialisten führen Kriege.

Vor einiger Zeit haben wir euch erzählt, dass wir einen Plan zur stark vermehrten Entfaltung von genialen Menschheitsführern haben. Wir nähern uns dem Punkt, wo wir euch mehr darüber sagen können. Die Welt ist ihrer Führer beraubt worden. Die Welt bringt keine Genies hervor. Die menschliche Rasse ist blutarm geworden, weil ihr edles Blut versickert ist – und dekadent, weil sie ihre Genies in vielen flandrischen Mohnfeldern[2] begräbt, anstelle sie mit Liebe im All-Licht der Menschheitsbedürfnisse zu nähren.

Irgendwann werden wir diesen Auferstehungsplan und die dafür vorgesehene Methode in die Welt geben können, und es wird möglich sein, euch von Gottes klaren und genauen Anweisungen zu erzählen im Hinblick auf Seinen Plan, wie der unsterbliche Mensch in Seinem Kosmischen Zeitalter aus seinem Grab im Erdreich vergangener Zeitalter auferstehen soll. Dann werden diese Lektionen viele von euch so erleuchtet haben, dass ihr das All-Licht für diese Auferstehung sein könnt. Wenn dieser glorreiche Tag kommt, werdet ihr, die ihr die Ewigkeit in eurer eigenen Hand gefunden habt und sie nutzen könnt wie Gottes Hand, Seite an Seite mit meiner Frau Lao und mir stehen und von Gottes Heiligem Berg der

Auferstehung in seine herrlichen Täler hinabblicken. Durch diese Täler werden sich die unsterblichen Menschen von morgen neue Wege in eine neue Welt zu einem neuartigen Lebensabenteuer bahnen, motiviert durch Liebe und durch ein ausgeglichenes Miteinander von Mensch zu Mensch, das jeden menschlichen Verstand übersteigt.

Das ist unsere Absicht und unser Ziel – aber wir mussten sehr geduldig sein und sehr hart arbeiten – und lange darauf warten, dass ihr uns einholt, denn wir brauchen euch in großer Zahl, für jenen Tag, der seiner Erfüllung nicht mehr fern ist.

So lautet vorerst unsere Botschaft an euch, eine Botschaft, erfüllt von jener Freude, die entsteht, wenn Visionen des Menschengeschlechtes sich ihrer Erfüllung nähern, Visionen von der Rettung der Menschheit, wie sie die *Botschaft der Göttlichen Iliade* vorhersagt.

Wir danken unserer geliebten Vater-Mutter-Gottheit dafür, dass ihr in die strahlende Aura Seiner Botschaft getreten seid, und Ich Bin

Euer ergebener Walter Russell.

Aus: Walter und Lao Russell, Fernstudienkurs Kosmisches Bewusstsein

Daher, sage ich,
sind die Bürden des Menschen nach dem Bilde
seines unausgeglichenen Denkens geformt.
Genauso sind auch die Gebrechen des Menschen
die Früchte seines eigenen Denkens.
Aus dem unausgeglichenen Denken des Menschen
entstehen die Gifte der Erschöpfung
und verschiedene Krankheiten und Ängste.
Wir möchten euch nachdrücklich
ins Bewusstsein rücken, dass keine
kleine oder große Tat des Menschen
über die unwiderrufliche Tatsache
hinwegtäuschen kann, dass der Mensch entweder
in der Lage sein muss, seine Bestimmung
und seinen Körper zu beherrschen
oder
die vielen Katastrophen und Krisen erdulden muss,
die er durch seine Unkenntnis des Gesetzes
auf sich herabbeschwört.

3
Das Geheimnis des bewussten Zusammenwirkens mit Gott

Walter Russell

»Warum kann ich nicht die Dinge vollbringen, die Sie vollbringen?«

nach einem 1946 gehaltenen Vortrag

Die Qualität und das Muster dessen,
was von dir ausgeht,
werden sich nach dem Bildnis deines Denkens
zu körperlicher Gestalt kristallisieren.
Das ist das
Gesetz.
Was du aussendest, kehrt nach deinem Bilde
zu dir zurück.

Alles Wissen ist vorhanden

Alles Wissen kommt zum Menschen zu seiner Zeit.
Immer wieder geben kosmische Boten dem Menschen das Wissen von
Meinem Kosmos genau so, wie der Mensch es aufnehmen kann,
aber
das, was er aufnehmen kann, ist nur ein Fingerhut aus dem mächtigen Ozean,
denn der Mensch beginnt erst zu begreifen.

Aus: Die Botschaft der Göttlichen Iliade

Das Geheimnis des bewussten Zusammenwirkens mit Gott

Das Ziel meiner Worte ist es, Ihnen ein besseres Verständnis der Beziehung des Menschen zu seinem Universum und zu seinem Gott zu geben. Der letztendliche Zweck ist, das Individuum zu einem höheren Wesen zu erheben, und indem wir das Individuum erheben, erheben wir die gesamte Menschheit um eine Stufe.

Was den Menschen zurückhält, sind sein Unglaube, seine Zweifel und besonders sein fehlendes Verständnis. Jeder Mensch ist in jedem Augenblick absolut abhängig von Gott. Wir können ohne Ihn nichts tun und das sollten Sie wissen. Und je mehr Sie das wissen, umso mehr Kraft fließt Ihnen zu, um Gott zu manifestieren.

Ich zögere allerdings etwas, diesen Vortrag zu halten, weil ihm etwas sehr Persönliches anhaftet. Ich benutze ungern das Personalpronomen *Ich*. Aber so viele Menschen haben mich gezielt und mit großer Ernsthaftigkeit darum gebeten, ihnen zu sagen, wie es möglich ist, eine vollständige Schulung durch den Kosmos, vom unsichtbaren Universum, zu erhalten.

Sie sind davon so verwirrt, dass ich glaube, Sie haben das Recht, eine Erläuterung über das Thema zu erhalten, so gut ich sie zu geben vermag.

Ich spreche heute Abend über ein Leben, über mein eigenes Leben. Was ich sage, soll Sie erheben und zu noch großartigeren und höheren Dingen inspirieren, und insofern freue ich mich, darüber zu sprechen. Ich kann deshalb davon erzählen, weil ich es gelebt habe. Und weil ich es gelebt habe, sollte dies als Beweis gelten, denn die Beweismittel liegen vor. Sonst wären Sie nicht hier, und Glenn Clark[3] hätte seine kleine Biografie nicht geschrieben (s. S. 115 in diesem Band).

Ich werde auch oft gefragt: »Was haben Sie, was mir fehlt? Warum kann ich nicht dasselbe vollbringen wie Sie?«

Meine einzige Antwort darauf lautet: Sie haben, was ich habe. Wir haben es *alle*. Aber der eine ist sich dessen bewusst, und der andere nicht. Der eine arbeitet im Hinblick auf den Körper, der andere im Hinblick auf den Geist. Ich habe mein ganzes Leben lang im Hinblick auf den Geist bewusst mit Gott zusammengearbeitet. Und hier ist der Beweis.

Wir beginnen am Anfang

Ich beginne mit einem weit zurückliegenden Ereignis. Als ich sieben Jahre alt war, geschah mir etwas Gewaltiges, Unbeschreibliches, Wunderschönes, Wunderbares. Es löschte gleichsam meine gesamte Wahrnehmung im Hinblick auf das physische Universum und meinen Körper aus. Ein großartiger Ausbruch von sich ständig wandelnden Farben schien den gesamten Raum und mich herum zu erfüllen und zu durchdringen. Ich wurde davon aufgesogen. Dann kam dies zum Erliegen und es gab einen blendenden Blitz. Ich stand bewegungslos. Ich hatte mit anderen Jungen Murmeln gespielt und hielt immer noch die Murmeln in meiner Hand. Anstatt sie zu werfen, ging ich fort.

Mir war klar, dass *irgendetwas* geschehen war, aber ich konnte nicht sagen, was. In mir war eine Schwingung von so kostbarem Rhythmus und von solcher Harmonie, Schönheit und Ekstase, dass ich dachte, etwas sei von den Himmeln herabgekommen – und so war es auch. Lange Zeit wanderte ich in den Wiesen umher. Ich kletterte auf einen Apfelbaum und saß dort sehr lange. Dann ging ich nach Hause und versuchte, meine Mutter dazu zu bringen, mir zu erklären, was mir widerfahren war. Ich berichtete ihr alles, und sie sagte: »Wenn es dir morgen nicht besser geht, gehe ich mit dir zum Arzt.« Am nächsten Tag ging es mir gut, also ließ sie es sein.

Die Wirkung dieser Erfahrungen hielt tagelang an. Ich war damals sieben Jahre alt und ging seit meinem fünften Lebensjahr zur Schule. Nun stellte ich fest, dass ich nicht mehr zur Schule gehen konnte. Ich ging, wie ich es sollte, aber ich konnte einfach nicht dort bleiben; die Schule war unerträglich für mich.

Ich konnte kein Buch aufschlagen und hineinschauen. Also wanderte ich umher. Das dauerte mehrere Tage. Ich fühlte, dass ich ein anderes Wesen war; dass ich etwas anderes war als alles, wovon ich jemals gehört hatte. Ich wünschte, ich könnte es Ihnen beschreiben. Damals gewann ich meinen ersten kurzen Einblick in jenes andere Universum, das wir das *bewusste* Universum nennen. Aber ich spreche lieber vom *wissenden* Universum, denn es ist der Anfang und das Ende. Es ist die Grundlage all unserer Macht, unseres Wissens und unseres Lebens. Ich hatte schon in dem *wissenden* Universum gelebt, aber ich war mir dessen nicht bewusst gewesen.

Ich stellte fest, dass ich ungewöhnliche Dinge tat

Dann ging dies alles vorüber. Ich tat ungewöhnliche Dinge. Ich spielte in diesem Alter bereits recht gut Klavier, aber ich stellte fest, dass ich nun erstaunlich viel besser spielen konnte. Das fiel jedem auf. Während ich übte, stellte ich fest, dass *irgendetwas* in mir offenbar zu mir sprach und mir erzählte, dass Gott mit mir zusammenarbeitete, nicht meine Gottesnatur, sondern die *Höchste Kraft*. Ich konnte diesen Umstand damals nicht verstehen und konnte dieses Etwas nicht »Gott« nennen, aber es gab eine ungeheure, unbekannte *Kraft*, die zu mir sprach, wenn ich zum Beispiel die Klaviertasten berührte, und die mich anleitete, etwas anderes zu tun als das, was ich vorher zu tun gewohnt war. In meinem Spiel lagen jetzt mehr Musik, mehr Seele, mehr Schönheit und eine bessere Technik. Ich schien meine Fähigkeit, mich in der Musik auszudrücken, fast über Nacht verdoppelt zu haben.

Nachdem dieses Erlebnis verblasst war, ging ich wieder zur Schule, aber ich stellte fest, dass ich einfach kein Buch mehr aufschlagen konnte. Es war, als hielte mich eine Hand oder eine Mauer davon ab. Und wenn ich doch ein Buch aufschlug, *musste ich es wieder schließen*, denn mir war bewusst geworden, dass alles, was in diesen Büchern stand, entweder nicht stimmte oder nicht wichtig war. Und ob es sich um Rechnen oder Grammatik oder irgendetwas anderes handelte, es wurde klar, dass ich es jetzt nicht wissen musste. Das einzige, was ich in der Schule tun konnte, war, dort herumzusitzen.

Man hielt mich für dumm. Ich war der hellste Junge der Klasse gewesen, der plötzlich dumm geworden war. Ich versagte im Rechnen, ich versagte in allen Fächern. Aber ich konnte alles tun, wozu *Wissen* und *Inspiration* vonnöten waren. Ich überraschte die Menschen mit dem, was ich in dieser Hinsicht vollbrachte. Ich überraschte die Menschen auch, wenn sie mir Fragen stellten und ich ihnen antwortete.

Was ich wissen wollte, wusste ich

Die Zeit verrann, und im nächsten Mai geschah dasselbe, aber es hielt nicht so lange an wie beim ersten Mal. Auch im darauffolgenden Mai geschah es wieder, aber es war ebenfalls von kürzerer Dauer. Es reichte allerdings, um mir bewusst zu machen, dass etwas geschah, das mich auf ein ganz anderes Leben vorbereitete.

Ich wurde aus der Schule genommen und zum Arbeiten geschickt. Dafür bin ich sehr, sehr dankbar, denn seit ich sieben Jahre alt war, mochte ich die Schule nicht mehr. Sie war ganz anders und sehr unerfreulich. Und sie erschien mir völlig überflüssig. Was ich wissen wollte, wusste ich. Wenn ich etwas tun wollte, bat ich darum, es tun zu dürfen *und begann damit es zu tun, in der sicheren Überzeugung, es tun zu können.*

Als ich zehn, elf und zwölf Jahre alt war, geschah dasselbe. Auch mit Dreizehn geschah es nochmal und dauerte diesmal länger an. Jedes Jahr im Mai musste ich zwischen zehn und vierzehn Tagen in den Wäldern verbringen, weitab von anderen Menschen.

Es fiel auf, ja. Meine Mutter nannte diese Zeiten »seine komischen Anfälle, aber es geht immer vorbei.« Also machte niemand sich Sorgen.

Als ich 14 geworden war, zweimal sieben, wusste ich, dass mein Leben einen tiefen Sinn hatte. Ich hatte die Aufgabe, Macht zu demonstrieren – und zwar Macht aus einer *Quelle,* die *in* mir war und nicht außerhalb von mir.

Dann »starb« ich

Dann bekam ich eine der schrecklichsten Krankheiten, mit denen die Menschheit geschlagen ist, die Beulenpest oder schwarze Diphtherie. Ärzte legten aus den Abstrichen von meiner Kehle Bakterienkulturen an, die pechschwarz waren.

Die Schwarze Diphtherie hatte meine Kehle zerstört, ich konnte nicht mehr atmen. Und dann »starb« ich. Ein Arzt erklärte mich für tot. Zwei weitere wurden hinzugezogen und erklärten mich ebenfalls für tot. Es wurde nach dem Bestatter geschickt, und dieser traf ein. Die Seele und das Bewusstsein verlassen den Körper nicht sofort. Ich nahm wahr, welche Aufgabe ich zu erfüllen hatte, und damit einher ging ein Wissen über das Heilungsprinzip genau hier und jetzt. Und mir wurde befohlen, dieses Wissen auf mich selbst anzuwenden. Ich tat es und war wieder quicklebendig. Ich stand aus dem Bett auf, und es ging mir gut.

Die Ärzte waren verblüfft. Mein Vater saß neben dem Bett und weinte. Ich war noch nicht wieder ganz orientiert in Raum und Zeit und wunderte mich, warum er weinte. Ich sagte: »Weine nicht, Vater, ich schaufele die Kohle schon herein«, denn das letzte vor meiner Erkrankung, woran ich mich erinnerte, war, dass ich eine Tonne Kohle durch das Kellerfenster hätte schaufeln sollen. Alle staunten. »Ich bin nicht tot«, sagte ich. »Mir geht es gut.«

Man rief mehrere andere Ärzte, und auch sie staunten. Es schien unmöglich und konnte nicht wahr sein. Es war so viel die Rede davon, dass es nicht wahr sein könne, dass ich selbst verunsichert wurde und etwas wie Furcht mich zu erfüllen begann. So viele Dinge wurden gesagt, dass diese »Furcht«, obwohl es nur ein Anflug davon war, meinen Körper von Kopf bis Fuß lähmte. Ich brauchte sechs Monate, bis ich das überwunden hatte. *Diese Lähmung meines Körpers ging ausschließlich auf die Tatsache zurück, dass die Behauptungen der Ärzte Zweifel und Ängste in mir weckten, ob ich überhaupt lebendig sei!*

Das geschah, als ich 14 war – zweimal sieben. In jedem Mai in den darauffolgenden Jahren geschah es wieder. Und immer tat ich danach Dinge, die ich davor nie hätte tun können. Ich wanderte immer gerne in den Wäldern und suchte die intensive, ekstatische Freude der Seele, während das Bewusstsein in den Körper hineintritt und ihn wieder verlässt. Immer hinein und wieder hinaus. Ich kann es Ihnen nur so beschreiben.

Der Impuls, etwas aufzuschreiben

Was ich damit meine, möchte ich Ihnen vermitteln, indem ich einige Seiten von dem vorlese, was ich später *Das Buch der frühen Eingebungen* nannte (s. S. 9 in diesem Band). In diesem Zustand fühlte ich mich immer gedrängt, mir Notizen zu machen. In den jährlich wiederkehrenden etwa zehn Tagen trieb es mich, meine Eindrücke aufzuschreiben und festzuhalten und sie dann wegzuschließen. Niemand hatte sie je gesehen. Instinktiv hatte ich sie weggeschlossen und bewahrt. Das *Buch der frühen Eingebungen* ist eine jugendliche Andeutung der *Botschaft der göttlichen Iliade*, die später kam. Auch sie wurde in der gleichen Weise weggeschlossen.

1921 fand ich heraus, warum ich diese Notizen hatte wegschließen müssen, denn nun wurde mir meine Bestimmung vollständig bewusst, und diese Dinge sollten nicht vor 1946 an die Öffentlichkeit gelangen.

Ich lese also einen Abschnitt aus *Das Buch der frühen Eingebungen*. Aber vorher möchte ich Ihnen den Grund nennen. Ich möchte Ihnen zeigen, dass Sie, wenn Sie sich Gottes in Ihnen und Seines Zusammenwirkens mit Ihnen ganz *bewusst* sind, gar nicht anders können, als Kunst von bleibendem Wert zu erschaffen. Sie bringen Vollendung hervor, Sie bringen höchste Kunst hervor. Es kann gar nicht anders sein. Was ich Ihnen jetzt vorlese, schrieb ich mit neunzehn Jahren. Ich hatte zuvor noch nie etwas Derartiges geschrieben, aber die Ärzte, die mich 1921 untersuchten, um zu prüfen, ob ich verrückt geworden sei, stießen auf diese Unterlagen.

Ein Arzt, ein Rechtsanwalt und ein Psychiater waren zur Untersuchung erschienen, und einer von ihnen sagte zu meiner Frau: »Lassen Sie ihn ungestört. Mit ihm geht etwas vor, das wir nicht verstehen. Ein Verrückter ist nicht logisch, er kann nicht logisch sein. Diese Aufzeichnungen sind besser als die Texte von Walt Whitman. Sie sind nicht nur logisch, sondern es handelt sich um wunderschöne poetische Kunst und vollendete Literatur.«

Ich hatte nie Literatur oder Literaturwissenschaften studiert. Seit meinem zehnten Lebensjahr war ich nicht in der Schule gewesen. Wenn ich Ihnen dies vorlese, möchte ich, dass Sie das Hineintreten und Verlassen, das Hinein in den Körper und Hinaus aus dem Körper wie eine Beobachtung körperlicher Phänomene erspüren. Dieses Phänomen, einen Augenblick im Körper zu sein und ihn dann vollständig zu verlassen, war bis dahin noch völlig unbekannt.

Das Erwachen

Ich atme die Luft der Hügel.
Die Kraft der Hügel ist in mir.
Sie pulsiert durch meine Venen.
Sie kommt zu mir von den Gipfeln jenseits der Hügel,
wo mein inneres Auge ruht.
Dort ist Licht. Ich fühle, wie es ewig herannaht.
Ich nehme es in mich auf. Ich spüre die Kraft
des Lichtes, das ich in mich aufnehme.
Ich atme den süßen Duft und trinke den Sonnenschein.
Ich öffne meine Lungen für den Wald.
Ich ziehe Kraft aus einer übermenschlichen Macht,
die Licht ist. Ich bin diese Macht.

Das Licht ist alles von mir.
Ich bin alles von ihm.
Meine Füße sind fest in der Erde verwurzelt, und
ich kann Bäume ausreißen und sie beiseite werfen.
Es wäre eine Kleinigkeit für mich, Baum für Baum
aus der Erde zu reißen, oder Wald für Wald.
Meine Kraft übersteigt die des Baumes.
Sie ist machtvoller als die des Waldes.
Die Kraft all der Wälder und all der Hügel ist in mir.
Die Erde leiht mir ihre Kraft.
Die Winde leihen mir ihre Macht.
Die Winde der Erde sind mein Atem. Ich atme,
und Wälder entstehen und vergehen.
Mit den Hirschen renne ich und springe,
aber sie bewegen sich nicht, wenn ich mit ihnen laufe.
Mit dem Vogel fliege ich, und leichter als er.
Ich sitze neben dem Pfad. Und muss mir jeden Ort
nur denken, und bin dort, oder anderswo.
Mit dem nächsten Atemzug bin ich wieder zurück.
Denn der Hirsch ist ein Hirsch, und der Vogel
ist ein Vogel; aber ich bin ein Mensch mit einer Seele,
ein Mensch mit einer freien Seele ohne Käfig.
Ich wandere mit meinem Selbst in Meiner Welt,
und mein Körper wandert mit meiner Seele.
Wir sind Gefährten, nur für eine kurze Zeit.
Dann wandert meine Seele allein.
Mein Körper ist nur das Haus für meine Seele,
ihr Gefährt. Er bildet die Wurzeln, die meine Seele
immer dann an die Erde binden, wenn sie gebunden ist.
Mein Körper ist nicht ich, da bin ich sicher
und weiß es seit langem.
Eines Tages werde ich aufschreiben,
was ich darüber weiß
und was mir jeder neue Augenblick darüber zuraunt.

Und auch was die Stille darüber sagt,
werde ich eines Tages aufschreiben,
falls ich es jemals zu tun vermag.
Kleine Dinge rufen meine Seele von weit her zurück,
kleine Dinge. Die Krümmung eines Setzlings,
der Schatten einer Wolke über einer Wiese.
Und dieselben kleinen Dinge senden meine Seele
wieder auf Wanderschaft, hinaus in den Raum,
während mein Körper abseits des Weges
auf die Seele wartet oder geht, um ihr zu begegnen,
unwissentlich und seiner eigenen Bewegung
ganz unbewusst. Ein dürres Blatt,
das auf dem Fluss dahintreibt.
Der Geist der Schönheit bringt meine Seele
ins Gleichgewicht, so wie eine sprudelnde Quelle
die Erde ergötzt.
Ich suche die Schönheit
in den fernen Räumen meiner Wanderung
und finde sie, wenn ich auf diese Art wandere.
Immer finde ich sie, wenn meine schwerelose Seele
sich zu den fernsten Sternen ausdehnt und
ihr Haus aus Lehm, das sie an den Berghang bindet,
hinter sich lässt.
Regen nährt die Quelle,
wie Schönheit meine Seele nährt. Ich fühle deutlich,
dass mein Körper ohne die Schönheit der Natur
zu sehr ausdörren und erstarren würde,
um meiner Seele lange ein Gefährte sein zu können.
Zu meiner Rechten plätschert ein kleiner Bachlauf.
Das Wasser stürzt über die Felsen in das klare Becken.
Voller Wonne gehe ich,
um das Schauspiel zu betrachten.
Das Wasser tropft im Schatten eines großen Felsens,
der von Flechten bedeckt ist, wie eine Bronze-Statue,

die vom Regen benetzt wird.
Die Sonne blinzelt in das Becken, und ein paar
leuchtend gelbe Blätter fangen ihre Strahlen auf,
um ihr Kommen anzukündigen.
Das grüne Moos ist wie ein ganz zartes Samtkissen.
Scheinbeere erwartet mich dort, und Streifenfarn.
Sandbeerblätter bedecken ein kleines Rasenstück,
ihre rosa Blüten singen ein Frühlingslied.
Bescheiden zeigt mir der Feuerkolben
die Streifen auf seinen Blüten.
Der Schatten eines Blattes fällt auf ein anderes Blatt
und noch ein anderes Blatt
zeichnet sich auf einem Felsbrocken ab.
Ohne meine Gegenwart zu beachten,
bahnt sich eine geschäftige Ameise ihren Weg
über den Stein und trägt etwas,
das viel größer ist als sie selbst.
Ich weiß, dass ich Ich bin – genauso sicher weiß ich,
dass ich diese Ameise bin. Ich trage diese Last
mit der Ameise zusammen. Ich fühle, wie mein Körper
sich unter der Last der Ameise anspannt.
Ich bin ganz allein mit all dieser Emsigkeit.
Soll ich mich nach rechts oder nach links wenden?
Was liegt daran?
Wieder spüre ich, wie meine Seele
sich aus ihrer Verankerung im schwerfälligen Lehm löst.
Ich sehe mein Licht verwoben
mit dem universellen Licht.

Aus: Das Buch der frühen Eingebungen (s. S. 9 in diesem Band)

Das ist die Essenz meiner Kindheit. Diese schöne geistige Grundlage ist der Fels, auf den ich mein Leben gebaut habe. Die Sehnsucht, wunderbare und schöne Dinge zu tun, um die Rhythmen der Natur sichtbar zu machen, lebte stark in mir. Ich drückte sie über das Malen aus. Ich drückte sie in vielen solcher Schriften aus. Und eine Sammlung davon wird in nicht allzu ferner Zukunft erscheinen. Auch in meiner Musik drückte ich all dies aus.

Ich habe Macht hervorgebracht und große Kunst. Mir war sehr bewusst, dass ich nur meisterhafte Werke schaffen solle. Sehen Sie diese Zeile: *Es wäre mir ein Leichtes, Baum für Baum aus der Erde zu reißen oder Wald für Wald*? Das ist der Eindruck, den ich immer hatte: dass es nichts gibt, was ich nicht tun könnte. Das Ausreißen von Bäumen oder Wäldern mit ihren Wurzeln war nur ein Symbol für die Macht, die ich jederzeit in mir gespürt habe. Wenn ich jemals etwas tun wollte, egal worum es sich handelte, habe ich es getan. Ich spürte immer Gott in mir. Ich fühlte, dass Gott neben mir am Klavier saß oder in mir war und mir half es, alles viel besser und schneller zu erreichen, als es vorher möglich gewesen war.

Wissen gehört zum geistigen Universum

Ich stellte fest, dass ich immer vertrauter mit dem Universum des *Wissens* wurde und begann zu *wissen,* anstatt zu denken. Ich begann, Wissen von Information und auch vom Denken zu unterscheiden. Denken bedeutet, dass wir Wissen auseinandernehmen und in Bewegung bringen. *Denken gehört zum elektrischen Universum. Wissen gehört zum geistigen Universum.*

Ich verbrachte meine Stunden und Tage und müßige Augenblicke *wissend.* Das unsichtbare Universum wurde mein. Alle sieben Jahre vertiefte sich diese Erfahrung noch mehr, und nach jedem Jahrsiebt vollbrachte ich erstaunlichere Dinge.

Während einer dieser Phasen begann ich Gebäude zu entwerfen, weil die Künstler Gebäude brauchten, in denen sie ihre Ateliers einrichten konnten. Ich wusste nichts über Architektur. Ich eröffnete ein Architekturbüro, stellte Ingenieure ein und entwarf Gebäude. Aber darüber können Sie in der kleinen

Biografie von Glenn Clark lesen (s. S. 115 in diesem Band), also werde ich das nicht weiter ausführen. Meine Entwürfe waren die Grundlage für ein neues Eigentümermodell, die sogenannte Eigentümerkooperative. Ein Rechtsanwalt sagte mir, so etwas sei nicht möglich.

Ich antwortete ihm: »Ich weiß, dass es möglich ist.« Ich kannte die Prinzipien, die dem Ganzen zugrunde lagen. Ich entwarf das allererste anteilsbezogene Nutzungsrecht, und der Anwalt bezeichnete es als solide Rechtsgrundlage. Natürlich war es das, denn es kam aus der Quelle allen Seins. Ich *wusste* darum.

Wenn du irgendetwas tun willst, fang einfach an

Nach diesem Motto habe ich immer gelebt. Beginnen Sie sofort, das zu tun, was Sie tun möchten, *mit dem vollen Bewusstsein und in dem vollen Verständnis, dass nichts Sie davon abhalten kann.* Wenn Sie etwas tun möchten, schreiben Sie diesen Wunsch in Ihr Herz und schlafen Sie darüber. Wenn Sie am nächsten Morgen mit der Antwort aufwachen, loszulegen, bedeutet dies, dass die Kraft Gottes mit Ihrem Vorhaben ist. In diesem Wissen habe ich stets angefangen zu handeln und wusste schon, bevor ich begann, dass ich es schaffen würde. Schreiben Sie diese Frage in Ihr Herz, denn ich habe früh gelernt, dass die Nächte wichtiger sind als die Tage.

Ich bin sehr oft gebeten worden, zu erläutern, was die Nächte bedeuten und was während des Schlafes geschieht, während der Körper angeblich unbewusst ist und angeblich Zeit verschwendet. Ich versuche, das so gut wie möglich in Worte zu fassen. Die Nacht ist die Zeit des *Wissens*. Der Tag ist die Zeit des Handelns.

Unser Körper ist nicht nachts aktiv, sondern am Tage. Unser Bewusstsein ist nicht tagsüber mit Empfangen beschäftigt, denn dann befasst es sich damit, in der physischen Welt zu handeln. Also haben wir keine Zeit für Inspiration, für *Wissen*, außer wir nehmen uns aus allem zurück und verlieren uns in Meditation.

Meine Meditationen fanden nachts statt, während mein Körper schlief. Das Bewusstsein ist etwas anderes, als Sie denken. Sie denken, wenn Sie aufhören zu denken oder einschlafen, seien Sie bewusstlos. Aber *es gibt keinen Zustand der Bewusstlosigkeit.* Wenn die elektrische Spannung des Körpers absinkt, fließt der elektrische Strom weniger stark hindurch, als wenn Sie in einem Zustand sind, den Sie als Wachsein bezeichnen. Sie versinken dann in einen Schlummerzustand, wenn die Nacht kommt, allein dadurch, dass ihr Körper sich tagsüber erschöpft hat und den Gegenkreislauf des Tages durchläuft. Dieser Kreislauf hat einen positiven und einen negativen Teil. Genauso ist es mit dem Planeten, wo man die Tagesseite als die positive Seite und die Nachtseite als die negative oder ausdehnende Seite bezeichnen könnte.

Die Veilchen auf der Wiese verschließen sich nachts, und die Kühe legen sich hin. Alles geht *scheinbar* schlafen, weil die elektrische Kraft, die Materie aufwindet und ihr das gibt, was wir den *Lebensausdruck* nennen, ihre Spannung vermindert. Auch Ihr Körper steht nachts unter geringerer Spannung, sodass der elektrische Strom nicht ausreicht, um diese zahllosen Millionen Erinnerungen entstehen zu lassen, die wie Fotografien in ihrem Gehirn abgespeichert sind. Wenn diese kleinen fotografischen Bilder oder Aufzeichnungen von Ereignissen und Dingen, die Sie beobachtet haben, nicht mehr funktionieren, verlieren wir die *Wahrnehmung* unserer körperlichen Existenz. Ich würde nicht sagen, dass Sie aufhören zu denken, denn nur sehr wenige Menschen denken überhaupt wirklich. Die meisten sind sich der Dinge nur *elektrisch gewahr*. Wir spulen diese fotografieähnlichen elektrischen kleinen Erinnerungen in unserem Gehirn lediglich ab und benutzen sie automatisch immer wieder. Wir nennen das Denken, aber es hat mit Denken eigentlich nichts zu tun. Es ist nur ein elektrisches Gewahrsein einer elektrischen Existenz, nicht mehr. Menschen nehmen auf diese Weise eine Empfindung wahr. *Denken hingegen ist eine Ausweitung des Bewusstseins selbst. Denken ist eine elektrische Erweiterung im Lichte des allwissenden Geistes, der dieses Wissen in Form von Lichtwellen ausdehnt und sie in Bewegung setzt, um die Ideen auszudrücken, die in der Stille sind.*

Bewusstsein ist ein glorreiches Gewahrwerden des Göttlichen Seins

Bewusstsein ist etwas anderes als Denken. Das Gewahrsein des Bewusstseins in jemandem, der im göttlichen Universum für lange Zeit gelebt hat, ist ein ekstatisches und glorreiches Gewahrsein des Göttlichen Wesens. Man verliert es nie, weder tags noch nachts, außer man war ungehorsam und hat irgendein Gesetz gebrochen, sodass es dem Bewusstsein unmöglich ist, sich vom Körper zu befreien. Aber wenn der Körper in einem normalen Zustand des Wohlbefindens ist, sodass er schlafen kann, kann sich das Bewusstsein aus dem Körper befreien. Das Bewusstsein bleibt aktiv, arbeitet für Sie und wird das tun, was Sie von ihm wünschen. Es lässt Ihnen den Teil der Gesamtidee, um den Sie bitten, zuteilwerden, sodass Sie ihn am nächsten Tag benutzen können.

So habe ich während jener Jahre festgestellt: Was ich wissen wollte, um es am nächsten Tag in die Tat umzusetzen, darum habe ich gebeten, wenn ich schlafen ging. Dann stand mir das Wissen zur Verfügung, wenn ich aufwachte. Ich musste keine Zeit damit verschwenden, diese Idee am nächsten Tag Stück für Stück auseinanderzunehmen und sie in Bewegung zu setzen. Mit *die Idee auseinandernehmen* meine ich: Im Bewusstsein empfangen Sie Ideen als Ganzes. Die gesamte Idee kommt wie in einem Blitz der Erleuchtung zu Ihnen. Aber es dauert vielleicht zehn Jahre, um sie durch Laborversuche auszuarbeiten oder indem Sie durch zahllose Bemühungen die verschiedenen Elemente der Materie in Bewegung bringen und alles Mögliche ausprobieren, um Ihr *Wissen* gedanklich auszuarbeiten.

So ist also das *Wissen* der *geistige* Teil des Lebens, und dass ich im Universum des *Wissens* lebe, unterscheidet mich von anderen Menschen. Und je länger ich darin lebte und arbeitete, umso deutlicher war mir, dass ich für etwas Großes vorbereitet wurde. Etwas Undefinierbares gewann allmählich an Kraft, spitzte sich zu, tastete sich nach und nach an etwas sehr Konkretes heran, wenn wieder der Mai kam. Jedes Jahr kam diese wunderbare Ekstase des Lichtes und verklärte diese 12 oder 14 Tage.

Meine unbeschreibliche Erfahrung im Jahr 1921

Dann kam die großartige Erfahrung 1921. Mir war überhaupt nicht bewusst, dass es diesmal anders sein würde als alles Vorherige, aber es war vollkommen anders! Diese Erfahrung ist so unbeschreiblich, dass ich dies gar nicht erst versuchen werde. Es ist sehr gefährlich, so etwas zu erleben. Denn ich bezweifle, ob sehr viele Menschen sich davon wieder erholen könnten. Ich bin auch nicht sicher, ob ich selbst bereit gewesen wäre, wieder in die physische Welt zurückzukehren, wenn nicht *Die Botschaft* gewesen wäre und der Auftrag, den ich empfangen hatte. Ich war mein ganzes Leben lang für einen so besonderen Zweck vorbereitet worden, dass ich zurückkommen *musste*.

Und trotzdem brauchte ich danach drei Monate, um bereit zu sein, in eine Welt zurückzukehren, die mir so roh und schrecklich erschien. 39 Tage und Nächte lebte ich in einer großartigen Ekstase, in der Körper und Bewusstsein praktisch getrennt waren. Mein Körper war mir bewusst, ja, aber wie ein Instrument, das wir in die Hand nehmen und benutzen, wenn wir wollen. Aber er schien nicht Ich zu sein. Ich hatte Kontrolle über ihn, genauso wie ich einen Stift aufnehmen kann, um zu schreiben, aber ich fühlte, dass mein Körper etwas ganz anderes war als ich. Wenn ich schlief, spürte ich, dass er da irgendwo wie im Regal lag, und ich war froh darüber. Je freier ich mich von ihm fühlte, umso glücklicher war ich und umso ist ekstatischer fühlte ich mich.

Natürlich machte meine Familie sich Sorgen und natürlich auch meine Freunde, und sie wollten mich auf eine Kreuzfahrt mitnehmen und alles Mögliche andere mit mir anstellen.

Überall Zettel – Die göttliche Iliade in Fragmenten

Nachdem die Gelehrten mich untersucht und meiner Frau geraten hatten, mich nicht zu stören, geschah dies zu guter Letzt auch, und ich wurde in Ruhe gelassen. Überall flatterten Blätter herum. Die *Göttliche Iliade* lag verstreut in Fragmenten mit und ohne Zusammenhang. Zuerst war meine Handschrift fast unleserlich und auch zitterig und schief, sodass ich später kaum entschlüsseln konnte, was ich auf diese Blätter geschrieben hatte. Und dann befahl ich meinem Körper, perfekt zu schreiben, und ich schrieb wie ein Schulkind in Schönschrift, vollkommen leserlich.

In diesen 39 Tagen und Nächten sprach Gott beständig zu mir in der Sprache des Lichtes, die ich so gut kannte wie die englische Sprache, die ich jetzt für Sie benutze. Das Gesagte hatte eine Bedeutung, die für die Sicherheit der gesamten Menschheit entscheidend war. Es wurde deutlich, dass dieses neue Zeitalter eine Anhebung der gesamten Menschheit zu einem neuen Begreifen erforderte.

Meine Aufgabe war es, den Samen für dieses neue Verständnis der Anhebung der Menschheit in das Bewusstsein von zehn Menschen zu säen, die ihrerseits wieder zehn weitere Menschen erreichen würden und diese weitere zehn, bis es unzählige sein würden. Und diese unzähligen würden den Samen der Liebe säen. Diese Saat würde die Saaten von Hass und Angst und Gier, die uns in diese schreckliche Sackgasse gebracht haben, überwuchern, diese alte Ordnung, bei der Furcht und Hass überall vorherrschten, sowie Gier und Selbstsucht. Eine Nation raubte die andere aus, eine Nation tötete die andere. **Diese Ordnung muss vergehen.**

1921 wurde mir dann verdeutlicht, dass die erste Ernte dieser Saat der Liebe, die während des Krieges gereift war, noch nicht abgeschlossen war. Wir waren noch nicht genügend gereinigt. Die gesamte Welt würde in Blut und Qual getaucht werden. Dieses Gemetzel würde 1946 zum Erliegen kommen, und an diesem Tag müsste ich bereit sein, Ihnen allen zu erzählen, was ich Ihnen gerade erzähle. Ich hatte nicht einmal die Fähigkeit, es in Worten auszudrücken. Ich musste mich darauf vorbereiten. Ich hatte nicht die rednerischen Fähigkeiten, um davon zu erzählen. Gott sagte, ich würde diese Fähigkeiten haben, und ich müsse sie haben und mich darauf vorbereiten.

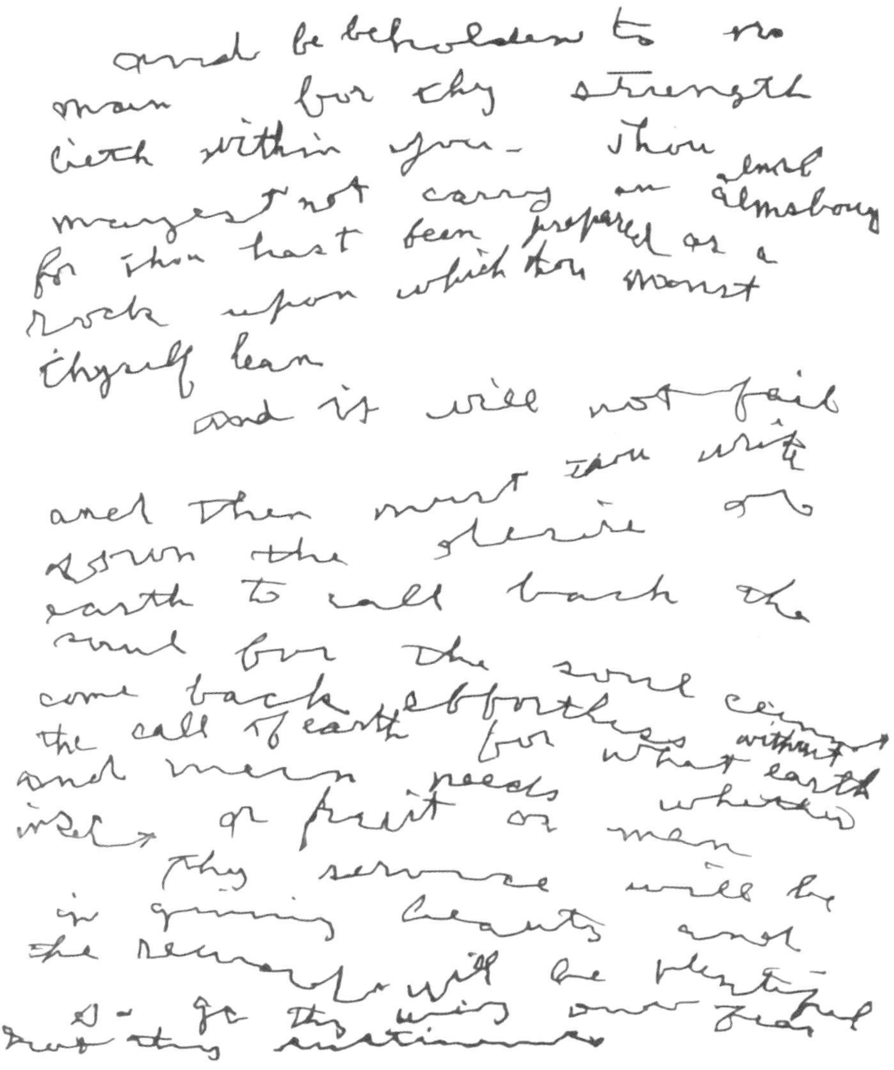
and be beholden to no
man for thy strength
lieth within you - Thou
mayest not carry an almsbowl
for thou hast been prepared as a
rock upon which thou mayst
thyself lean
and it will not fail

Abbildung 8: Probe der Handschrift Walter Russells während seiner Erleuchtungsperiode 1921

Ich wusste, das würde ich tun, und ich habe es getan. Ich habe die Verantwortung übernommen und bitte Sie, Ihrerseits die Verantwortung zu übernehmen, diese Botschaft in alle Welt zu verbreiten.

Die göttliche Iliade

Ich zitiere aus meinen während der göttlichen Iliade erhaltenen Anweisungen:

Mir wurde geboten, das Augenmerk des Menschen
fort von seinem Urwald zu lenken,
und ich soll ihm sagen:
Er möge das Antlitz des Höchsten betrachten und
Gottes Ekstase in sich selbst erkennen.
Dies sind die Worte des Höchsten, höre sie durch mich:
Die Welt der Menschen ist im Verfall begriffen.
Gehe hin und erwecke sie in Meinem Namen
wieder zu neuem Leben.
Die Schönheit Meines ausgewogenen Denkens
hat der Mensch in seinen feuchten Gruften begraben,
Hässlichkeit in die Abbilder des irdischen
Menschendenkens gebracht
und daraus Idole für seine Anbetung erstellt.
Der Mensch stellt Menschenmacht
über die Allmacht in Mir.
Er sucht die Liebe zu kreuzigen
und vergöttert Brutalität.
Er lädt selbst die Barbarei ein,
und sie hat jetzt ein Ausmaß erreicht, wo sie ihn,
der sie selbst hervorgerufen hat, zu vernichten droht.
Die Saaten des Hasses sät er, auf dass sich
das babylonische Sprachengewirr vervielfache.

Ich bin ein geduldiger Gott.
Alle Menschen werden zu ihrer Zeit zu Mir kommen.
Aber die Qual des Wartens auf diesen Tag liegt
allein bei ihnen.
Und dieser Tag wird nicht kommen, bevor der Mensch
sich nicht selbst von seinem eigenen unausgewogenen
Denken gereinigt hat.
Du, Mein Botschafter für das kosmische Zeitalter
des ekstatischen Menschen, bereite dich also vor,
denn jetzt ist das tiefe Dunkel vor der
Morgendämmerung, und sei bereit
für den dir zugewiesenen Tag,
wenn die von ihm selbst hervorgerufenen Plagen
den Menschen in Mir werden erwachen lassen.
Sieben Jahre hast du, um dich auf den Beginn der
Manifestierung deiner Botschafteraufgabe
für den Menschen vorzubereiten.
Hüte dein Wissen wohl und posaune dein
Botschaftertum während dieser ersten sieben Jahre
deiner Vorbereitung nicht hinaus.
Danach werden die Menschen weltweit
die Ernte des selbst auferlegten Leidens einbringen,
das sie, in Form der Samen aus unausgewogenem
Denken, mit eigenen Händen gesät haben.
Und die Phase dieser Selbstreinigung des Menschen
wird weitere dreimal sieben Jahre dauern, die zu den
sieben Jahren deiner Vorbereitungszeit hinzukommen.
Und der für dich festgelegte Tag wird im 18. Jahr dieser
dreimal sieben Jahre kommen.
Sei bereit für jenen Tag, denn du sollst
keine Ruhe kennen bei der angemessenen
Vorbereitung auf die Erfüllung
der dir zugewiesenen Aufgabe.

In der Zeit vor diesem Tag der Wiedergeburt
des Menschen in Mir wird der selbstgewählte
irdische Weg des Menschen dick mit der Asche
seines erdgeplanten babylonischen Turms der
Eigenmächtigkeit bestreut werden,
mit der er Mich in sich verleugnet.
Unsagbares Leid wird ihn
auf der blutgetränkten Straße erwarten,
die zu seinem selbst gewählten Urwald führen wird.
Kummer wird sein Schicksal sein,
und in jedem Haus werden die Tränen fließen.
Und viele, die eine solche Qual beim Menschen sehen,
werden dir sagen, dass ein liebender Gott nicht
existieren kann, wenn der Mensch Gottes Kind ist
und Gott der liebende Vater-Mutter-Gott
aller Menschen.
Aber Ich sage dir, alle Menschen sind eins.
Das Denken von einem ist das Denken aller.
Und so wird die weltweite Ernte die sein,
die mit der Saat des weltweiten Denkens gesät wurde.
Die Menschenwelt ist die Gesamtsumme des
menschlichen Denkens. Sie ist das, was das Denken
der gesamten Welt aus ihr macht.
Wenn Liebe in der Welt ist,
kann nicht gleichzeitig Hass sein.
In den frühen Tagen des jetzigen Zyklus sagte
mein Botschafter von damals:
'Liebe deinen Nächsten wie dich selbst.'
Aber die Bedeutung dieser Aussage hat der Mensch
überhaupt noch nicht verstanden.
Ich spreche jetzt mehr aus, denn der Mensch ist heute
nicht mehr so unerfahren und wird
nach dem kommenden Blutbad,
mit dem der Mensch seinen Zorn erschöpft, –

denn immer folgt auf der Erde solchen Stürmen
die Ruhe – den Sinn Meiner Worte sehr gut verstehen.
Diese Worte sage Ich heute für den neuen,
neu verstehenden Menschen dieses neuen Kreislaufs.
Liebet einander, ihr Menschen alle,
denn ihr seid eins in Mir.
Was immer du einem von Mir tust, tust du allen,
denn alle sind eins in Mir.
Liebe deinen Bruder wie dich selbst.
Diene deinem Bruder noch vor dir selbst.
Erhebe deinen Bruder. Erhebe ihn zu hohen Höhen,
denn dein Bruder ist du.
Wahrlich sage Ich,
Eigenliebe oder Liebe zu einer Nation
wendet Nachbar gegen Nachbar und Volk gegen Volk.
Eigenliebe verursacht Hass und sät diesen Samen
in alle Winde, sodass sie überallhin verweht werden.
Daher sage Ich, Liebe zum Nächsten
und von jedem Volk zum Anderen
vereint alle Menschen zu einem.
Diene zuerst deinem Nächsten.
Tu lieber dir selbst weh als deinem Nächsten.
Gewinne nichts von ihm, das nicht
durch dein Geben ausgewogen wird.
Schütze den Schwachen mit deiner Kraft,
denn wenn du deine Kraft
gegen seine Schwäche einsetzt,
wird seine Schwäche über dich triumphieren,
und deine Stärke wird dir nichts nützen.
Dies ist Mein Gebot,
das du in dem unverbrüchlichen Wirken
Meines Gesetzes sehr gut kennst, denn es erhält
das Gleichgewicht in allen schöpferischen Dingen.

Siehe zu, dass der Mensch dieses Prinzip
gut kennen lernt als das Fundament
seines neuen Tages.

Ich habe Ihnen hier aus der noch unveröffentlichten *Botschaft der Göttlichen Iliade* Abschnitte vorgelesen, die mir persönlich detaillierte Anweisungen geben, wie und auf welche Weise ich die Botschaft verbreiten soll, auch im Hinblick auf den Zeitpunkt und sogar dahingehend, wie ich versagen könnte als Mensch der Erde, der als Mensch der Erde Gott manifestiert.

Die wichtigste Tatsache Ihres Lebens

Ich habe Ihnen diese Anweisungen mitgeteilt, um Ihnen sehr klar das Wichtigste zu verdeutlichen. Dies ist, auch wenn es kaum glaubhaft scheint, die wichtigste Tatsache Ihres Lebens:

> *Wenn Sie Gott in sich* kennen *und nicht nur abstrakt, mit einigen kleinen Vorbehalten, an ihn* glauben, *und wenn Sie bewusst mit Gott zusammenarbeiten, wird Ihr Leben die höchsten Gipfel erreichen, und Sie werden immer den Frieden kennen, der jedes Verständnis übersteigt. Und alles, was Sie hervorbringen, wird machtvoll sein, denn das göttliche DU wird ihm innewohnen.*

Kein Mensch kann sogleich in vollem Ausmaß das Wissen um seine Einheit mit Gott so akzeptieren, wie Sie etwa sofort das Wissen akzeptieren würden, dass Zwei und Zwei Vier ergeben.

Eine solche Erleuchtung ist zu wunderbar, als dass sie sich im Menschen schnell entfalten könnte, denn jede Zelle im menschlichen Körper strotzt von der Selbstbezogenheit des Körpers, und jede Sinneswahrnehmung des Menschen macht ihm weis, dass das, was die Sinne seines Körpers wahrnehmen, real ist.

Es passiert nicht einfach mal eben so, dass Sie Ihren Körper und die Getrenntheit aller Körper vergessen, nur weil Ihnen jemand davon erzählt, selbst wenn Sie es glauben. *Ihr Körper ist die große Hürde, die Sie überwinden müssen, um Ihre Göttlichkeit zu erkennen.*

Die Geschichte meiner Erleuchtung wird Ihnen helfen, sich darüber klar zu werden, dass Sie Ihren Körper willentlich beiseite stellen können – **in einem größeren oder kleineren Ausmaß** – und Ihre Göttlichkeit wird Ihnen in dem Maße zugänglich, wie Sie Ihren Körper beiseite stellen können.

Hier eine Antwort an diejenigen, die mich gefragt haben, wie um alles in der Welt auf diese Weise Wissen erworben werden kann – ich meine konkretes, spezifisches Wissen, keine Abstraktionen, sondern: »Wie können Sie Periodensysteme[4] der chemischen Elemente oder der Himmelsstruktur erstellen? Wie können Sie eine neue Chemie aufzeichnen, die Ihren Tagen Jahrhunderte voraus ist, ohne es in Büchern gelernt zu haben?«

Nun, in den Büchern stand es ja sowieso nicht drin. Wenn ich mich auf Bücher bezogen hätte, wie hätte ich dieses Wissen dann erhalten können, da es doch nicht darin war?

Alles, was in den Büchern steht, wird von den Menschen Stück für Stück erworben und so in die Bücher geschrieben, wie sie es zu sehen glauben.

Das physische Universum ist eine Bewegungsillusion

Unser physisches Universum ist eine *auf Bewegung beruhende Illusion*. Die Eisenbahnschienen treffen sich scheinbar am Horizont. Das ist eine Illusion der Perspektive, die nur den Künstler zum Narren hält. Sie hat nichts mit Chemie oder Naturwissenschaft zu tun. Die Illusion zieht sich durch das gesamte Universum. Die Bewegungsillusion täuscht jeden, sodass von Wissenschaftlern tiefschürfende Gesetzmäßigkeiten aufgezeichnet wurden, denen jegliche Wahrheitsgrundlage fehlt, geschweige denn, dass die sehr grundlegenden Gesetze, die ich hinter den Kulissen erkennen konnte, in ihnen formuliert wären. Als ich zurückkam, kaufte ich mir Lehrbücher, um die Namen für die Dinge zu finden, die ich im Weltraum ganz anders kennen gelernt hatte, als null–eins–zwei–drei–vier–null–vier–drei–

zwei–eins und zurück zu null. Das war alles, was ich wissen musste. Und die Namen dieser eins–zwei–drei–vier–usw. lauten in den Lehrbüchern: Lithium, Beryllium, Bohr, Kohlenstoff, Stickstoff, Sauerstoff, Fluor, eine Reihe von Elementen nach der anderen. Aber für mich blieben sie immer eins–zwei–drei–vier–null–vier–drei–zwei–eins–null, in allem, ob es das Oktavspektrum der Farben war oder eine Oktave auf dem Klavier. Jeder Ausdruck von Bewegung ist ein Teil der Oktavwelle, und ich kannte diese Welle. *In der Welle liegt das Geheimnis der Schöpfung, und darum wusste ich. Es war mir in einem zeitlosen Blitz bekannt geworden.*

Und Gott sprach zu mir: Manche werden Fragen stellen, manche werden zweifeln, manche werden dich ans Kreuz schlagen. Ich gebe dir ein Zeichen, an dem du deine Wahrhaftigkeit erkennen kannst.

> *Du, der nie ein Chemielabor von innen gesehen hat, wirst mehr über Chemie wissen als jeder andere. Alle Chemiker werden zu dir kommen, um das Wissen über das Licht zu erhalten. Du, der nicht mehr über die Sterne wusste, als sie bewundernd zu betrachten, wirst mehr über sie wissen als alle Menschen. Alle Astronomen werden zu dir kommen für neue Sternkarten des Universums, die du ihnen geben wirst.*
>
> *Für dich war es immer mühsam, Mathematik zu lernen, aber ich gebe dir den Generalschlüssel für Mathematik. Alle Mathematiker werden kommen, um von dir das Wissen um den Schlüssel zur Bewegung und die Krümmung des Raumes zu erhalten.*

Und so ging es weiter – ich versuche mich der genauen Formulierungen aus der Göttlichen Iliade zu entsinnen. Diese Vorgänge sollten mir ein Zeichen dafür sein, wodurch ich beweisen konnte, dass mir die Autorität zu sprechen gegeben war. Und die Zeichen versagten nie. Mit ihnen einher ging die Mahnung, dass ich ganz ruhig bleiben und meine Botschaft sieben Jahre lang nicht hinausposaunen sollte, sondern mich auf die erste Probe durch *dein geschriebenes Wort* vorbereiten sollte.

Mein erstes Buch

Also schrieb ich in diesen sieben Jahren ein Buch und schenkte es der Welt. Die naturwissenschaftliche Welt lachte und spottete darüber und warf es in den Papierkorb. Und dann entdeckte man nach und nach: Was ich geschrieben hatte, verhielt sich so, und manche machten sich diese Ideen zu eigen. Zwei Nobelpreise sind vergeben worden für Ideen, die in diesem Buch standen. Ein bekannter Naturwissenschaftler schrieb an die New York Sun und beschwerte sich, warum Wissenschaftler meine Ideen als ihre eigenen ausgeben würden, ohne mir den Verdienst daran zuzugestehen.

Er beschwerte sich auch bei mir, weil ich nicht darauf bestand, diesen Verdienst zugeschrieben zu bekommen.

»Mir ist das ganz gleich«, antwortete ich ihm, »Hauptsache, diese Ideen gelangen in die Welt hinaus. Sie werden eines Tages zu ihrer Quelle zurückkehren, und man wird wissen, woher sie kamen. Nur darum geht es mir. Ich möchte, dass diese Ideen in die Welt hinausgehen und wirksam werden.«

Nach und nach zeigten sie Wirkung. Der Vorstand der Physikfakultät einer der großen Universitäten trat von seinem Amt zurück, weil er dort nicht länger lehren konnte. Nachdem ich ihn monatelang privat unterrichtet hatte, meinte er, er könne nicht mehr zurück und lehren, obwohl er eine Familie zu ernähren und Raten für ein Haus abzuzahlen hatte. Es war also keine Kleinigkeit für ihn, diese gut bezahlte Position aufzugeben. Er hat sich dann mit einem chemischen Labor selbstständig gemacht. Heute arbeitet er als Berater für chemische Probleme und hat schon im ersten Jahr dreimal so viel verdient wie früher; inzwischen verdient er fünfmal so viel.

Monatelang speiste ich jeden Donnerstagmittag mit ihm im Lotus Club in New York. Wir sprachen jeden Donnerstag miteinander, bis er meine Ausdrucksweise gut kennen gelernt hatte.

Es begann also mit einem Physiker, der Bescheid wusste, dann kam noch einer, dann noch einer und noch einer. Und allmählich wurde mein Buch akzeptiert, und in den Zeitungen erschienen Leserbriefe, sowohl für als auch gegen meine Thesen. Der wissenschaftliche Herausgeber der *Associated Press* schrieb ebenfalls einen Brief und stellte fest, dass meine Beobachtungen und meine Schriften studiert werden sollten, denn unter Umständen hätte ich einen ganz neuen Zugang zu den Dingen.

Ein bekannter Physiker schrieb an die *New York Times,* ich solle lieber zu meiner Staffelei zurückkehren. Ich sei ein guter Maler, aber es sei blasphemisch von mir, die von Newton und Kepler aufgestellten Gesetze infrage zu stellen. Die *New York Times* gab mir den Raum, um in derselben Kolumne zu antworten, und meine Antwort war für diesen Physiker so überzeugend, dass er mich zum Mittagessen einlud. Bei diesem Mittagessen erzählte er mir, er sei kurz davor, aufzugeben bezüglich eines Problems, an dem er seit Monaten gearbeitet hätte. Er habe keine Hoffnung mehr, es zu lösen. Ich sagte: »Worum geht es denn? Erzählen Sie es mir, vielleicht kann ich Ihnen helfen.«

Es fiel ihm schwer, einigermaßen höflich zu bleiben. »Wenn ich das nicht lösen kann«, sagte er, »wie um alles in der Welt wollen Sie das Problem lösen? Ich kann Sie nicht in mein Labor mitnehmen.«

»Ich will gar nicht in Ihr Labor. Erzählen Sie mir Ihr Problem.« Das tat er. Ich löste das Problem gleich während des Mittagessens für ihn. Ich sagte: »Sie suchen auf der falschen Seite des Zaunes nach dem stabilisierenden Element, das Sie brauchen.« Arsen und Wismut und alle diese negativen Elemente waren nach seiner Theorie die Stoffe, die ihm liefern konnten, was er suchte.

Ich sagte: »Zwei Elemente auf der positiven Seite sind geeignet, entweder Aluminium oder Bor. Wenn es Ihnen vor allem um Leitfähigkeit geht, benutzen Sie Aluminium. Wenn Sie Sprödigkeit brauchen, arbeiten Sie mit Bor.«

»Ich will Leitfähigkeit«, entgegnete er.

Der Physiker stellte fest, dass Aluminium geeignet war. Er rief mich um zwei Uhr morgens an, um mir das zu erzählen und mir zu danken. Und dann schrieb er einen langen Entschuldigungsbrief an die *New York Times,* und allmählich wurde deutlich, dass dieses spezielle neue Wissen, das ich hatte, sehr weit über den damaligen Stand der Wissenschaft und selbst über den heutigen Stand hinausging. Ich habe noch nicht begonnen, alles in Worte zu fassen, nicht einmal ansatzweise. Immer nur in kleinen Portionen. Und selbst diese kleinen Portionen haben mir einen Doktortitel der Naturwissenschaften eingebracht. Mir, der ich nie eine Universität von innen gesehen habe, wurde ein Doktortitel verliehen!

Dann wurde ich zum Präsident der *Society of Arts and Sciences* (Gesellschaft für Künste und Wissenschaften) gewählt, eine achtunggebietende Position in einer achtunggebietenden Gesellschaft, die vor mehr als 50 Jahren von Herbert Spencer gegründet worden war.

Seitdem habe ich die bedeutendsten Wissenschaftler der Welt kennen gelernt. Ich habe vor ihnen an Universitäten und in Ingenieurclubs Vorträge gehalten. Als Thomas Edison eine Medaille verliehen wurde, hielt ich einen wissenschaftlichen Vortrag, in dem ich immer ein kleines bisschen über das hinausging, was die Anwesenden bereits wussten. Gerade genug, um ihnen Gesprächsstoff zu liefern. Und sie respektierten mich, weil so viele Dinge, die ich gesagt hatte, sich bestätigt hatten.

Wasserstoff ist nicht das allererste Element

Dann kam die großartige Zeit, wo mich einer der bedeutendsten Chemiker von Kalifornien einlud, mich vorzustellen. Ich hielt vor 400 der weltbesten Naturwissenschaftler einen Vortrag über Wasserstoff. Eine weitere kleine Idee, ein weiterer kleiner Schritt beim Demontieren der alten Hypothesen, der alten Muster, der alten Vorstellungen, die davon ausgingen, dass Wasserstoff das allererste Element in der Reihe der Elemente sei, wo es doch in Wirklichkeit zahlreiche andere gibt, die ihm vorausgehen und von denen die wissenschaftliche Welt damals noch nichts ahnte.

Man hielt den Wasserstoff auch für ein Einzelelement. Ich sagte, es gebe weitere sechs Ganztonelemente innerhalb des Wasserstoffs, eine ganze Oktave. Wasserstoff sei ein komplexes Element. Die Wissenschaftler konnten das nicht glauben. Aber sie begannen den Wasserstoff in ihren Labors zu untersuchen, sie nahmen ihn auseinander. Sie nannten die weiteren Elemente, die sie entdeckten, Isotope. Isotope sind angeblich Spalttöne oder Teilnoten, wie die schwarzen Noten zwischen zwei weißen Tönen auf dem Klavier. Man spaltet einen Ton in einen Halbton. In der Chemie bezeichnet man diesen Halbton als Isotop.

»Das sind keine Isotope«, sagte ich ihnen. »Es sind die zu dieser Oktave gehörenden Ganztonelemente.«

»Aber es muss sich um Isotope handeln«, beharrten sie. »Sonst bekommen wir sie nicht in unserem Periodensystem der Elemente unter. Es verträgt sich mit all unseren Theorien über die Atomstruktur nicht.«

Ich antwortete: »Die können Sie genauso gut gleich ad acta legen, denn das werden Sie am Ende sowieso tun müssen.«

In diesem Vortrag sagte ich ihnen, man könne eine andere Art des Wassers bekommen. Wenn Sauerstoff mit einem der sogenannten Isotope des Wasserstoffs vereint würde, bekämen wir ein Wasser, das sehr wertvoll für die zukünftige Chemie werden würde. Davon ausgehend wurde das schwere Wasser entdeckt, und schweres Wasser ist die Grundlage für die Atombombe.

In den von mir erstellten Periodensystemen der Elemente sind die beiden Elemente, die vor kurzer Zeit entdeckt worden sind, Neptunium und Plutonium enthalten, und diese Elemente bilden ebenfalls die Grundlage für die Atombombe. Diese beiden Elemente standen schon vor 20 Jahren in meiner Tabelle. Lang bevor sie entdeckt wurden, standen sie in meinen Aufzeichnungen. Und daneben hatte ich in Klammern angemerkt: »Wenn diese beiden Elemente jemals entdeckt werden, wird der Druck dieses Planeten sie nicht zusammenhalten können.«

Außer diesen beiden gab es noch dreizehn weitere Elemente, die ich nicht näher benannte und die noch ihrer Entdeckung harrten. Eines von ihnen ist seither entdeckt worden. Woher wusste ich das? Sicherlich nicht aus den Büchern. Die einzige Antwort ist, dass Gott es mir gesagt hat. Das ist die einzige Antwort. *Ich wusste es, weil alles Wissen vorhanden ist, wir müssen nur danach fragen.*

Dies alles war nur ein Zeichen, mit dem ich mich als Autorität erweisen konnte, als ein Botschafter, der von Gott gesandt war, um seinen Auftrag zu erfüllen. Mein gesamtes Leben ist ein Zeichen, eine Demonstration für die Tatsache, dass Macht möglich ist, die aus der Quelle stammt, und nicht aus einer Manifestation der Quelle. Wie Glenn Clark in seinem kleinen Buch über mich schrieb, habe ich fünf Leben in einem gelebt. Das liegt daran, dass es für mich so einfach ist, fünf Leben zu leben, wie es für Sie einfach ist, eins zu leben. Und auch für Sie ist es genauso einfach, sich fünffach oder zehnfach zu vervielfachen, wie es für mich einfach war, das zu tun.

Unsere neue Zivilisation muss in einem Universum des Wissens leben

Diese neue Zivilisation muss aufhören, sich nur auf das den Sinneswahrnehmungen zugängliche Universum des Denkens zu verlassen und eine geborgte Macht zu manifestieren.

Sie muss im Universum des Wissens leben und *wissen, dass dieses Wissen von der Quelle allen Seins stammt, es glauben und nutzen*. Dahinter steht das Ziel, die gesamte Menschheit zu retten. In der *Göttlichen Iliade* wurde mir das Wissen zuteil, dass unsere Zivilisation der Selbstzerstörung anheimfällt, wenn dem nicht die Saat der Liebe entgegenwirkt. Sie muss gepflanzt werden, um die Saaten von Hass und Furcht, die überall im Land wuchern, auszumerzen. Mit den Worten der Göttlichen Iliade:

Wenn Liebe in der Welt ist, kann nicht auch Hass sein.

Die Welt ist noch nicht an diesem positiven Aspekt des Lebens, denn wir sind dem Urwald noch nahe, so nahe, dass wir unsere Ängste, unseren Hass und die Gier des Urwalds noch nicht abgelegt haben. Sobald wir unsere tierische Existenz hinter uns ließen und uns der materiellen Dinge bewusst wurden, entwickelten sich in uns eine Gier nach materiellen Dingen und ein egoistisches Streben nach materiellen Besitztümern, nach Dingen der Erde, nach Dingen, die keine Bedeutung haben, nach Dingen, die wir nicht mitnehmen können. *Und wir bezahlen für diese Dinge mit unseren Leben.*

Wir zahlen für sie, vielleicht mit einem Dutzend Inkarnationen, um wieder ins Gleichgewicht zu gelangen, anstatt unser Leben gleich jetzt mit den Eigenschaften und Werten des Himmels, statt jenen der Erde, ins Gleichgewicht zu bringen. Wir verschwenden unser Leben. Ich habe Ihnen dies, wie gesagt, einerseits widerstrebend mitgeteilt, andererseits aber auch freudig, denn wenn mein Leben ein Beispiel sein kann, und wenn die Art, wie ich meine Ausbildung erhalten habe, Ihnen ein Beispiel sein kann, dann ermutige ich Sie, das nachzuahmen. Und wenn es dazu beiträgt, die Botschaft weiterzutragen, für deren Verbreitung ich hier bin, bin ich froh, mein Beispiel zu geben.

Wenn Sie wirklich viel mehr über diese Dinge wissen wollen, als ich Ihnen in der Kürze der Zeit jetzt erzählen kann, empfehle ich Ihnen ein Buch von Richard Morris Bucke mit dem Titel *Kosmisches Bewusstsein* (*Cosmic Consciousness*). Richard Morris Bucke erlebte selbst eine Berührung durch das kosmische Bewusstsein und wurde dadurch so verwandelt, dass er den Rest seines Lebens der Analyse der Symptome vom kosmischen Bewusstsein widmete, dessen Auftreten er in der gesamten Geschichte aufzuspüren suchte und alle Fälle studierte, die er finden konnte. Er fand 37 Menschen, von denen manche nur ganz wenig kosmisches Bewusstsein entwickelten, und nur einen einzigen, der vollständiges kosmisches Bewusstsein hatte, Jesus von Nazareth. Einige hatten ein sehr tiefes Bewusstsein, aber es waren nicht mehr als vielleicht drei oder vier oder fünf in der gesamten Menschheitsgeschichte.

Wenn Sie das nicht für möglich halten, verweise ich nur auf die Evidenz dieses Bewusstseins in meinem Leben und in meinen Arbeiten und anhand der Dinge hin, die ich Ihnen beweisen werde, während wir voranschreiten. Und wenn Sie diese Dinge selbst haben wirksam werden lassen, *werden Sie herausfinden, dass Gott die einzige Wirklichkeit im Universum ist.* Alles, was wir berücksichtigen und wissen müssen, ist das *Licht*. Das All-Licht in unserer Mitte und die beiden Lichter der Bewegung in uns, gleichbedeutend mit dem *Denken* aus dem Geist. Geist und Geistdenken. Schöpfer und Schöpfung. Schöpfer und jene, die mit Gott gemeinsam erschaffen, oder auch auf eigene Faust. Ich entscheide mich dafür, mit Gott gemeinsam zu schaffen und auf diesen Angelpunkt zu gründen. Wenn Sie sich dafür entscheiden, sich ausschließlich auf sich selbst zu verlassen, werden sie Ihrer Klasse um ein paar hunderttausend Jahre hinterherhinken, bis Sie schließlich alles nachholen und sich auf die lange Reise zum Gipfel begeben. Aber ich sorge mich nicht um die nächsten zehntausend Jahre. Ich mache mir Sorgen um die nächsten sieben Jahre.

Dieser Botschafter des Lichtes braucht hunderttausende weitere Botschafter des Lichtes, um dieses neue Verständnis zu verbreiten, sonst wird der Mensch sich selbst zerstören und wieder im Mittelalter von vorne beginnen, einem tieferen und längeren Mittelalter, als wir es jemals zuvor erlebt haben.

4
Walter Russell – Vielfalt im Einklang

»Der Mann, der Zugang zu den Geheimnissen des Universums hatte«

Glenn Clark

Deutsch von Dagmar Neubronner

Abbildung 9: Walter Russell, ca. 1925

Kapitel Eins – Wir gehen auf die Suche

Mein Leben lang habe ich nach einem Menschen gesucht, der das universale Gesetz entdeckt hat, das der Bergpredigt zugrunde liegt, und dieses Gesetz bewusst anwendet, mit vollem Wissen um seine Bedeutung und in vollem Gehorsam gegenüber seinen Prinzipien.

Zehntausende predigen es oder schreiben darüber, verstehen jedoch wenig von seiner Bedeutung. Ich bezweifle, dass es viele Menschen auf der Welt gibt, die diese kosmische Grundlage wirklich hinreichend gut kennen, um bewusst danach zu leben.

Wenn ich einen solchen Menschen finden könnte, dachte ich bei mir, wäre er sich des Lichtes Gottes in so allumfassender Weise bewusst, dass er die geistige Ursache für jede Wirkung kennen würde. So jemand würde ein Super-Genie sein, denn die verborgenen Geheimnisse des Universums wären ihm offenbar. Er würde das Universum als ein Ganzes sehen und seine Beziehung zum Universum und zu Gott kennen. Das gesamte Wissen von der Ursache stünde ihm zur Verfügung und auch die Macht, es einzusetzen.

Eines Tages schrieb Dr. Alexis Carrel[5] mir, er wolle mich sehen. »Die Welt steht vor einer schrecklichen Krise«, sagte er. »Die gesamte Zukunft der Menschheit steht auf dem Spiel. Die Menschheit kann nur von einer Gruppe von Menschen gerettet werden, die so sehr im Urgrund Gottes zentriert sind, dass ihre Weisheit ein Teil der All-Weisheit ist, und die daher so viel Bewusstsein für den Kosmos haben und so sehr Bestandteil dieses Zentrums sind, dass sie in der Lage sind, auf vielen Gebieten klar zu denken und nicht auf ein Gebiet allein begrenzt bleiben. Eine Gruppe solcher Menschen könnte, falls es ihr gelänge, zueinander zu finden und ihre Weisheit zu teilen, in der Lage sein, einen Kurs anzugeben, der die Welt retten könnte. Können Sie mir helfen, solche Menschen zu finden?«

Auf dem Gebiet der Religion hatte ich etliche solcher Menschen gefunden. An die erste Stelle der Liste würde ich Rufus Jones[6] setzen, gefolgt von Persönlichkeiten wie Frank Laubach[7], E. Stanley Jones[8] und vielleicht noch einigen anderen. Die Tatsache, dass alle diese Menschen so viel Demut besitzen, dass es ihnen selbst nicht in den Sinn käme, einen solchen Anspruch für sich zu erheben, ist ein

Abbildung 10: Glenn Clark

zusätzlicher Beweis dafür, dass sie die Ehre, die ich für sie in Anspruch nehme, wirklich verdienen.

Dr. Carrel drängte mich allerdings, jemanden außerhalb des Gebietes der angewandten Religion zu suchen, der jedoch auf mehreren Gebieten wie der Geschäftswelt, der Ingenieurskunst oder den schönen Künsten erfolgreich gewesen sein sollte.

»Wenn es das ist, was Sie suchen«, erwiderte ich, »dann würde ich an allererster Stelle Dr. George Washington Carver[9] nennen.« Er nahm meinen Vorschlag begeistert auf. Ich nannte andere, aber er kam wieder auf Dr. Carver zurück. »Helfen Sie mir, Kontakt zu diesem Mann aufzunehmen«, sagte er. »Ich spüre, dass er wahrhaftig klingt.«

Mit großer Freude konnte ich Dr. Carrel und Dr. Carver zusammenbringen. Wochen und Jahre vergingen, und Dr. Carrel setzte seine Suche nach Menschen mit kosmischem Bewusstsein fort. Schließlich begann der Zweite Weltkrieg. Dann starb Dr. Carver, und zuletzt erhielt ich aus Frankreich die Nachricht vom Tode Dr. Carrels. Aber sein Traum war nicht erloschen. Ich suche immer noch nach Menschen, die sich der geistigen Quelle der gesamten Schöpfung so sehr bewusst sind, dass ihre Weisheit Teil der All-Weisheit ist.

»Finde einen solchen Menschen!«, sagte mir eine innere Stimme beständig, »und du wirst eine Inspiration für alle anderen finden, die sich in einem Zeitalter wie diesem auf ein Leben in größerer Schöpferkraft vorbereiten möchten.«

Und dann wurde ich durch die Güte Gottes zu diesem Mann geführt:

Ich hatte eine Ausbildungsstätte beziehungsweise ein Trainingszentrum gegründet, dessen Zweck es war, erstens die Menschen in Gott zu zentrieren, zweitens Wege zu eröffnen, um ihre Weisheit als Teil der All-Weisheit erkennbar zu machen, und drittens die allen Wissenschaften, Künsten und Philosophien zugrundeliegenden Zusammenhänge nachzuvollziehen, so dass die Schüler auf vielen Gebieten klar denken konnten und nicht auf ein Gebiet allein beschränkt blieben.

Auf meinen ausgedehnten Reisen sagte eines Tages jemand zu mir: »Es gibt einen Mann, der in seinem Leben all das verdeutlicht, was Sie gelehrt haben: Walter Russell. Haben Sie noch nicht von ihm gehört?« Nein, ich hatte noch nie etwas von ihm gehört. Monate später sagte jemand anderes:

»Alles, was Sie über die Notwendigkeit sagen, das eigene Wissen zu integrieren

Abbildung 11: Walter Russell, ca. 1954

und die Quelle kennenzulernen, von der es stammt, wird von einem mir bekannten Manne in wunderbarer Weise verdeutlicht: Walter Russell. Haben Sie ihn einmal kennen gelernt?«

»Ich habe von ihm gehört«, erwiderte ich, »aber ich habe ihn nie kennen gelernt.«

»Ich werde Sie zusammenbringen. Ich werde dafür sorgen, dass er Ihrem Vortrag heute Abend beiwohnt.«

Kapitel Zwei – Wir begegnen dem Menschen

Am Schnitt des Van-Dyke-Bartes erkannte ich, dass ich mit einem Künstler sprach. Die kräftigen Brauen und die unergründliche Tiefe seiner Augen sagten mir, dass ich mit einem Philosophen redete. Seine klare, energiegeladene Art zu sprechen offenbarte mir den Mann der Tat. Und ein Licht leuchtete in seinen Augen, an dem ich erkennen konnte, dass er zu großen Inspirationen fähig war – dass er in engem Kontakt mit den großen, unsichtbaren Kräften des Universums lebte. Kurze Zeit später machte ich mich auf den Weg zu seinem Atelier in Carnegie Hall.[10]

Dort wohnte und arbeitete er. Das Atelier selbst war groß und wurde in angenehmer Weise belebt von den Statuen und Gemälden, die er geschaffen hatte. Da stand eine lebensgetreue Büste von Thomas Edison[11], die erste bildhauerische Arbeit Walter Russells. Weiter gab es zwei Büsten von Franklin Roosevelt[12], eine vor und eine nach Pearl Harbor[13] entstanden. Die letztere war unlängst im Hyde-Park enthüllt worden, und Repliken waren an jedes Mitglied von Präsident Roosevelts letztem Kabinett übergeben worden. Reihen berühmter Männer wie Victor Herbert[14], Thomas Edison, Hudson Maxim[15], John Philip Sousa[16], Sir Thomas Lipton[17], Ossip Gabrilowitsch[18], Mark Twain[19], Dan Beard[20], General Douglas MacArthur[21] und Colin Kelly[22] blickten mit klaren, verstehenden Augen auf uns herab. Ich habe nie einen anderen Bildhauer kennen gelernt, der solch ausdrucksvolle Augen gestalten konnte wie Walter Russell.

»Die meisten Bildhauer begehen den Fehler«, sagte er, »die Augen als dreidimensionale Form zu denken und sie daher als kugelige Oberflächen zu gestalten. Die Augen sind aber keine kompakten Gebilde, sie sind durchscheinend, und was man wirklich sieht, ist das Licht der Seele in ihnen – und das versuche ich zum Ausdruck zu bringen. Solange ein Bildhauer nicht in der Lage ist, durch die Augen hindurch die Seele zu erkennen, ist sein Porträt nur eine Darstellung von Fleisch und Blut.«

Meine Aufmerksamkeit wurde schnell von seinen zwei Meisterwerken gefangen genommen: Der Skulptur zum Gedächtnis an Mark Twain, in deren Mitte Mark Twain saß, während die Charaktere seiner Bücher um ihn herum gruppiert waren, und die »Vier Freiheiten«, die er auf Bitten von Präsident Roosevelt geschaffen hatte, in der Hoffnung, dass sie im Potomac-Park in Washington aufgestellt würden, wo jetzt das Navy-Hospital steht.

Auf dem Tisch lag ein Album mit zahlreichen Ausschnitten aus Zeitungen und Zeitschriften, in denen seine wissenschaftlichen Entdeckungen beschrieben waren. Ein anderes Album enthielt Zeitungsausschnitte über die Gebäude im Wert von zwanzig Millionen Dollar, die er geplant und gebaut hatte. Daneben lag ein schönes, handgebundenes Gästebuch mit handschriftlichen Unterschriften und Eintragungen berühmter Besucher seines Ateliers, wie Caruso[23], Ysaye[24], Elbert Hubbard[25], Paderewski[26], Gabrilowitsch, Theodore Roosevelt[27], Richard Harding Davis[28], König Albert von Belgien[29] und hunderten anderer.

In drei gebundenen Sammelbänden befanden sich, durch Zellophan geschützt, Briefe von den Großen der Welt, wie Rudyard Kipling[30], John Masefield[31], George Bernard Shaw[32], dem Duke von Bedford[33], Cordell Hull[34], Jesse Jones[35], Thomas Edison, Michael Pupin[36], Robert Millikan[37], Charles Kettering[38], Lee de Forest[39] sowie von hunderten weiterer Staatsmänner, Autoren, Wissenschaftler und genialer Künstler aus allen Bereichen. Man hat ihm gesagt, dass ein Brief von Rudyard Kipling, in dem dieser ihm zu seinem Mark-Twain-Denkmal gratuliert, der letzte Brief sei, den Kipling in seinem Leben geschrieben habe.

Ein verschlossener Kasten enthielt die Manuskripte für ein umfangreiches Meisterwerk der Philosophie, das er für das Denken des Neuen Zeitalters und seine Anwendung auf alle menschlichen Beziehungen fertigstellte, und ein noch größeres Werk über die Wissenschaft der Zukunft, das vermutlich unter dem Titel *This Light-Wave Universe* erscheinen wird.[40] Beide Bände werden Ende 1946 vollendet sein. Er hat fünfundzwanzig Jahre lang an ihnen gearbeitet und hie und da, zur Befremdung der gesamten wissenschaftlichen Welt, Auszüge daraus veröffentlicht.

»Warum haben Sie sich die Veröffentlichung für 1946 vorgenommen?«, fragte ich. »Und warum hat es so lange gedauert, diese Werke niederzuschreiben?«

»Die Welt war bislang weder darauf vorbereitet, die neue Kosmologie zu akzeptieren oder gar zu verstehen,« antwortete er, »noch war sie willens und bereit, die Philosophie für das Neue Zeitalter zu akzeptieren. Die Welt musste leiden, um das einfachste der universalen Gesetze zu verstehen: die Einheit des Menschen mit dem Menschen und mit Gott. Die Welt der Menschen musste erst die Ernte ihrer jahrhundertelangen Saat von Hass, Selbstsucht und Gier ernten. Sie musste diese Ernte erleben, um zu lernen, dass das universale Gesetz unausweichlich und unentrinnbar gilt.

Der Zeitpunkt wurde nicht von mir bestimmt, sondern von der Quelle, aus der ich mein Wissen und meine sehr detaillierten und eindeutigen Anweisungen schöpfe. Das Datum habe ich im Mai 1921 aufgeschrieben. Ich war zu diesem Zeitpunkt vollständig informiert über das Blutbad, das infolge der Gier und Selbstsucht, die von der Welt gesät worden waren, in der Zwischenzeit stattfinden sollte.«

Der Mann strahlte beim Sprechen eine eindrucksvolle Bescheidenheit, Ruhe und Würde aus. Da waren Schlichtheit, Ehrlichkeit und Unbefangenheit und ein wunderbarer Friede. Ich erkannte sofort, dass es von unschätzbarem Wert für die Welt sein würde, wenn ich das Geheimnis seiner Kraft herausfinden könnte.

Als wir inmitten seiner Bilder und Statuen Platz genommen hatten, wandte ich mich zu ihm.

»Können Sie mir das Geheimnis Ihres Lebens nennen?«, fragte ich. Er zögerte und erwiderte dann:

»Ja. Ich glaube einfach, dass jeder Mensch vollendetes Genie in sich trägt. Manche scheinen nur deshalb mehr davon zu besitzen, weil sie sich dieser Tatsache mehr bewusst sind als andere, und das Wissen oder Nichtwissen darum ist es, was jeden einzelnen zum Meister macht oder in der Mittelmäßigkeit gefangen hält. Ich glaube, dass Mittelmaß selbst gewählt ist und Genie selbst errungen. Alle erfolgreichen Menschen, die ich je kennen gelernt habe – und ich habe sehr viele kennen gelernt – tragen in sich den Schlüssel, der dieses Bewusstsein entriegelt und die universale Kraft einlässt, die sie zu Meistern gemacht hat.«

»Und was ist dieser Schlüssel?«, fragte ich.

»Dieser Schlüssel ist der *Wunsch*, der freigesetzt wird in die große ewige Energie des Universums.« – »Können Sie das etwas genauer erklären?«

»Ich habe herausgefunden, dass die wirklichen Kernbedingungen für die Größe eines Menschen nicht in Büchern stehen und nicht in der Schule gelehrt werden. Sie sind in das innere Bewusstsein eines jeden eingeschrieben, der bei schöpferischen Bestrebungen intensiv nach Vollkommenheit sucht, und sie sind nur solchen Menschen verständlich.

Erfolgreiche Menschen aller Zeitalter haben gelernt, sich zu vervielfachen, indem sie Gedankenenergie zu einem hohen Potential ansammelten und sie dann in Richtung auf das beabsichtigte Ziel eingesetzt haben. Alle erfolgreichen Menschen, alle großen Genies haben drei besondere Eigenschaften gemeinsam. Die offensichtlichste ist, dass sie alle eine riesige Werkfülle erschaffen. Die zweite Eigenschaft ist, dass sie keine Müdigkeit kennen, und die dritte ist, dass ihr Bewusstsein im Alter zunimmt, statt weniger zu werden. Das Leben großer Menschen beginnt mit vierzig, wo das Leben des Durchschnittsmenschen endet. Das Genie bleibt bis zum letzten Atemzug ein immer währender Quell schöpferischer Leistungen. Genies haben gelernt, Gedankenenergie zu sammeln und zur Umformung ihrer Eingebungen in materielle Gestalt einzusetzen. Das Denken schöpferischer und erfolgreicher Menschen richtet sich nie auf eine andere als die beabsichtigte Richtung. Darum bringen bedeutende Menschen eine ungeheure Werkfülle hervor, scheinbar ohne Anstrengung und Erschöpfung. Die Menge von Werken, die solche Menschen der Nachwelt hinterlassen, ist erstaunlich. Wenn man Männer unserer Epoche betrachtet wie Edison, Henry Ford[41] oder Theodore Roosevelt, wird man feststellen, dass ihnen die drei von mir genannten Eigenschaften gemeinsam sind.«

Walter Russell hat dies in seinem eigenen Leben unter Beweis gestellt. Die Liste seiner Werke offenbart eine Vielseitigkeit, Qualität und einen Umfang, die als Lebenswerk von mindestens fünf Männern glaubwürdig wären, und das gilt ebenso für die sportliche und vergnügliche Seite des Lebens wie für seine Arbeit. Er behauptet, nie müde geworden zu sein, solange er dem Gesetz gehorchte, aber wenn er es bricht, empfindet er ein Gefühl von Schuld beim leisesten Anzeichen der Ermüdung, welches ihm zeigt, dass er es gebrochen hat. »Wollen Sie damit sagen, dass Sie nie müde werden?«, forschte ich.

»Was ist es, das müde wird?«, fragte er. »Kann Energie ermüden oder sich erschöpfen? Sicherlich nicht, denn alle Energie ist die Gedankenenergie der universalen Schöpferkraft und vermindert sich nie. Die universale Intelligenz ist konstant und ewig im Gleichgewicht.

Kann Intelligenz ermüden? Höchstwahrscheinlich nicht, denn sie ist so beständig wie die universale Energie, welche sie manifestiert. Daher kann etwas wie das Bewusstsein nicht müde werden.

Was lässt uns dann sagen, wir seien müde? Nur eines: ein Körper im Ungleichgewicht, nichts weiter. Wenn wir glauben, müde oder krank zu sein, liegt es nur daran, dass wir etwas getan haben, was die Durchlässigkeit unseres Körpers für den universalen elektrischen Strom, der ihn antreibt, aus dem Gleichgewicht gebracht hat. Jede Maschine, ob organisch oder anorganisch, gehorcht so lange dem Gesetz der Periode, wie sie im ausgeglichenen Tempo ihres eigenen normalen, maßvollen Rhythmus arbeitet. Dieses Tempo verleiht der anorganischen Maschine eine Normalität von Arbeit und Ruhe, der organischen eine Normalität von Wachen und Schlafen, und genau so lange, wie eine solche Maschine ihre verbrauchten organischen oder anorganischen Teile austauscht, durchläuft sie so gewiss ohne Ermüdung oder Krankheit ihre normale, angemessene Lebensspanne, wie die Sonne jeden Morgen aufgeht.

Freude und Glück sind die Anzeiger für das Gleichgewicht in einer menschlichen Maschine, genau so, wie eine Veränderung im vertrauten Motorengeräusch dem geübten Ohr des Mechanikers sofort eine Abweichung anzeigt. Eine innere Freudigkeit, die sich zur Ekstase steigert, ist der normale Zustand des genialen Bewusstseins. Jedes Fehlen dieser Freudigkeit führt zur Entwicklung körperschädigender Toxine. Diese innere Ekstase des Bewusstseins ist der geheime Quell fortgesetzter Jugendlichkeit und Kraft bei jedem Menschen. Wer zu ihr findet, findet Allmacht und Allwissenheit.

Die elektrische Energie, die uns in Bewegung bringt, stammt keineswegs von unserem Körper. Sie ist ein Teil der universalen Versorgung, die von der universalen Quelle mit einer Intensität durch uns hindurch strömt, die von unserem Wunsch und Willen abhängt.

Der größte Teil der Energie, den wir für unseren kostbaren Tag gespeichert haben, ist oft schon verbraucht, bevor es morgens zehn Uhr geschlagen hat. Nicht so bei Genies und erfolgreichen Menschen. Sie verstehen es, ohne Energiever-

Abbildung 12: Franklin Delano Roosevelt vor Pearl Harbor (Büste von Walter Russell)

schwendung zu arbeiten. Um das Beste, was in ihnen steckt, optimal zu nutzen, lernen sie, aus ihren Gedanken und Handlungen alles zu verbannen, was sie von ihrem Zweck abhält. Diese Lektionen erhalten wir alle, aber bei einer großen Mehrheit gehen sie zum einen Ohr hinein und zum anderen wieder heraus. Der bedeutende Mensch allerdings lernt, dass jedes Ereignis und jede Erfahrung seines Lebens, die ihm begegnen, sich auf jedes andere Ereignis und jede andere Erfahrung auswirken. Er lernt, das Scheitern oder den Erfolg eines Augenblicks nicht nur diesem Augenblick zuzuschreiben, sondern allen bisherigen Augenblicken seines Lebens.

Daher sage ich Ihnen, dass Müdigkeit und Erschöpfung Folgen einer Unkenntnis der Natur und Ungehorsam gegenüber ihrem unerbittlichen Gesetz sind. Wir können nur in dem Ausmaß über die Natur herrschen, wie wir bereit sind, ihr zu gehorchen. Wir können nicht Gesetzen gehorchen, die wir nicht verstehen. Daher lautet meine Empfehlung: Bitten Sie die Natur darum, eins mit ihr sein zu dürfen, und sie wird Ihnen in dem Ausmaß, wie Sie bereit sind zu lauschen, ihre Geheimnisse zuraunen. Suchen Sie die Einsamkeit, um mit der Natur ins Gespräch zu kommen, und lassen Sie so Ihr Bewusstsein von ihrem machtvollen Wispern inspirieren. Die Natur ist eine eifersüchtige Gottheit, denn sie wird Ihnen ihre inspirierenden Offenbarungen erst zuflüstern, wenn Sie absolut mit ihr allein sind.«

Kapitel Drei – Wir begegnen dem Künstler

Jeder Leser, der unserem Gespräch bis hierher gefolgt ist, wird darauf brennen, mehr über das Leben dieses bemerkenswerten Mannes zu erfahren. Daher werden wir Ihnen und Walter Russell eine Pause gönnen, während ich die Grundzüge seines Lebens und seines Werdegangs skizziere.

Walter Russell wurde am 19. Mai 1871 in Boston, Massachusetts geboren. Die Dorfschule besuchte er nur, bis er fast zehn war, dann wurde er aufgrund familiärer Schicksalsschläge zur Arbeit geschickt.

Er bekam eine Anstellung als Cash-Boy[42] in einem Bekleidungsgeschäft, erhielt das großzügige Salär von 2,50 Dollar pro Woche und hatte jeden Tag sechs Meilen

Weg zur Arbeit und wieder zurück. Aber tief in seinem Herzen wusste er, dass wir alle dieselbe Verheißung unbegrenzter Unterstützung durch die universale Intelligenz, die alle Dinge regiert, in uns tragen. Wenn wir Zugang dazu haben wollen, brauchen wir uns nur mit dem Generalschlüssel unseres Wünschens und Vertrauens aufzuschließen. Von nun an war sein Leben ein beständiger Beweis und eine Erfüllung dieses Glaubens.

Er hatte von Kindesbeinen an Musik gemacht, sicherte sich mit dreizehn Jahren eine Organistenstelle und besuchte eine Kunstschule. Seit damals hat er seinen Unterhalt vollständig selbst bestritten und sich autodidaktisch gebildet.

Als er aus der Schule genommen und zur Arbeit geschickt wurde, erfüllte ihn dies nicht mit Bitterkeit. Er betrachtete es sogar als einen der größten Glücksfälle, die ihm je widerfahren sind. Denn auf diese Weise entkam er den enzyklopädischen Ausbildungssystemen von Büffelei und Auswendiglernen, die das Leben anderer Kinder erfüllten, bis sie fünfundzwanzig waren. Er benutzte seine kostbare Jugend dazu, die geheimen Mysterien seines inneren Selbst zu enträtseln. Sein ganzes Leben war eine Suche nach dem wahren Selbst und der Beziehung dieses wahren Selbst zu dem Universum der freien Wahl, dem er sich als lebendiger Teil zugehörig weiß.

Diese Geheimnisse, die Mutter Natur ihm zuraunte, weil er einfach fragte, haben ihm nicht nur tiefe Einsicht in das verliehen, was er als »den unsichtbaren Menschen selbst, als Genie oder als Gottheit« bezeichnet, sondern sie haben ihm auch geholfen, die Schöpfungsgesetze der Natur kennen zu lernen. So begann er schon in seiner Jugend, das Gesetz, das alle Schöpfung lenkt, mit einer solchen Treue zu befolgen, wie es nur menschenmöglich ist.

Als er fünfzehn Jahre alt war und sich mit Hilfe einer Arbeit, bei der er 12 Dollar in der Woche verdiente, seinen Weg durch die Kunstschule bahnte, wies ihn seine damalige Jugendfreundin darauf hin, dass ein Opernensemble in die Stadt kommen und eine Reihe großer Opern zur Aufführung bringen würde.

»Ich möchte, dass du mich in die Oper ausführst«, sagte sie.

»Genau das habe ich vor«, erwiderte er. Damit meinte er, dass er beabsichtigte, eine Vorstellung mit ihr zu besuchen, aber sie dachte, er würde sie zu allen Vorstellungen mitnehmen. Das gesamte Abonnement kostete 79,60 Dollar, eine Summe, die beisammen zu sehen er noch für Jahre nicht vorgehabt hatte!

»Alle Aufführungen!«, rief er aus. »Das ist unmöglich!«

»Hast du ›unmöglich‹ gesagt?«, erwiderte sie. »Du bist der letzte Mensch, von dem ich jemals erwartet hätte, dieses Wort zu hören.«

Er nahm sich ihre Bemerkung zu Herzen. Als die Zeit der Opernaufführungen gekommen war, fand er sich mit sechs Dollar in der Tasche am Ende einer langen Schlange von Menschen, die nach Eintrittskarten anstanden – mit dem absoluten Vertrauen im Herzen, dass er, bis er den Schalter erreichte, die nötigen 79,60 Dollar für den gesamten Zyklus beisammen haben würde.

Er stand die ganze Nacht an, um einen guten Platz zu ergattern. Am Morgen sprach ein Mann ihn an:

»Mein Sohn, möchtest du gern fünf Dollar verdienen?«

»Ja, mein Herr, wie denn?«, fragte Walter Russell.

»Indem du mir deinen Platz in der Schlange verkaufst, damit ich um neun im Büro sein kann«, erwiderte der Mann.

Blitzschnell antwortete Russell: »Ich kann mehr für Sie tun als nur das. Geben Sie mir das Geld, und ich werde Ihnen die Karten bringen.«

Ohne ihn auch nur nach seinem Namen zu fragen, gab ihm der Mann das Geld für die Karten und seine Adresse, und Russell schrieb sich den Auftrag in sein Notizbuch. Mit den Geldscheinen zwischen den Fingern sowie Notizbuch und Stift in der Hand sah er aus wie ein Buchmacher beim Pferderennen und wurde zum Magneten, der Scharen von Menschen anzog. Als er den Schalter erreichte, hatte er den nötigen Betrag für alle Aufführungen für seine Freundin und sich verdient und noch 110 Dollar darüber hinaus, genug, um ihm monatelang die Schule zu finanzieren. Das Merkwürdige war, dass niemand ihn auch nur nach Namen oder Adresse fragte! Wenn man auf die innere universale Kraft vertraut, ruft dieses Vertrauen automatisch das Vertrauen der Menschen hervor, mit denen man zu tun hat.

Eines Sommers nahm er einen Job als Hotelpage an. Das Gehalt betrug nur acht Dollar im Monat, aber man sagte ihm, die Trinkgelder, die Pagen erhielten, würden sich auf etwa hundert Dollar pro Saison belaufen. Als ihm allerdings das erste Trinkgeld angeboten wurde, ließ etwas tief in ihm nicht zu, es anzunehmen. Er stammelte nur: »Nein danke, mein Herr« und floh. Er stieg in seine Unterkunft im Keller hinab und versuchte zu ergründen, warum die innere Stimme so zu ihm gesprochen hatte. Dann hatte er plötzlich eine großartige Vision.

»Ich werde der einzige Page der Welt sein, der nie ein Trinkgeld annimmt«, rief er aus. »Und ich werde der beste Page sein, den die Welt je gesehen hat. Ich verpflichte mich hiermit, so freudig und begeistert zu dienen wie noch nie ein Page zuvor!«

Von diesem Augenblick an befolgte er jede Bitte mit höchster Geschwindigkeit und Präzision. Er lief sich für jedermann die Hacken ab. Er stand morgens um fünf auf, um frische Kuhmilch für ein Baby zu besorgen, das besondere Pflege brauchte, und ging dann wieder ins Bett. Wenn man ihn fragte, warum er keine Trinkgelder nahm, erwiderte er: »Ich bekomme ein Gehalt, und ich liebe meine Arbeit.« Die Gäste waren einfach überwältigt. Sie luden ihn zum Abendessen und zu Jachtausflügen ein, und als die Hotelverwaltung erklärte, Bedienstete dürften nach den Regeln des Hauses keinen gesellschaftlichen Umgang mit Gästen haben, sagten diese oftmals einflussreichen Menschen, sie würden nie mehr in dem Hotel absteigen, wenn diesem Jungen zuliebe nicht eine Regel gebrochen würde. Er verlebte einen wunderbaren Sommer.

In seiner Freizeit zeichnete und malte er. Die Gäste interessierten sich sehr für seine Werke, und am Ende der Saison hatte er anstatt 100 Dollar an Trinkgeldern 850 Dollar für den Verkauf seiner Bilder erhalten, außerdem fünf Angebote zur Adoption in wohlhabende Familien, wobei es in einer bereits drei schlecht erzogene Jungen gab. Die Leute, denen er Eiswasser gebracht hatte, wurden seine Freunde fürs Leben, und von ihnen und ihren Freunden erhielt er viele Aufträge zum Malen, nachdem er auf diesem Gebiet berühmt geworden war. Viele Jahre später ging er zur Hochzeit des Säuglings, für den er damals die Milch besorgt hatte!

»Ich habe das absolute Vertrauen«, versichert Walter Russell immer wieder, »dass jemand, der auf die unbegrenzte Hilfe der universalen Intelligenz vertraut, die in uns ist, buchstäblich alles bekommen kann, so lange er innerhalb des Gesetzes arbeitet und anderen immer mehr gibt, als sie erwarten, und dies freudig und höflich.«

Er entdeckte früh, dass Reichtum oft mehr hinderlich als hilfreich ist, weil die Annehmlichkeiten und der Luxus, den er verleihen kann, viele vom Wunsch nach einem erfolgreichen Leben ablenkt und zum Müßiggang verleitet. Jedenfalls brachte es keiner der wohlhabenden Jungen in den Kunstakademien, in denen er studierte, zu wirklichen Leistungen. Gerade diejenigen, die mit der Erkenntnis antraten, dass sie aus eigener Initiative zur Spitze gelangen mussten, haben es geschafft.

Aufgrund seiner Vielseitigkeit und seiner Vorliebe dafür, viele Dinge gleichzeitig zu tun, entwickelte er das Gefühl, fünf Leben auf einmal zu leben. Jedes dieser Leben, so sagte er, schrie nach Verwirklichung und nach dem Recht, sich Ausdruck zu verleihen. Sein Leben schien in Epochen von fünf bis zwanzig Jahren Länge unterteilt zu sein. Jedes neue Leben knüpfte an das vorhergehende an.

So finanzierte er seinen Lebensunterhalt während der fünf Jahre, in denen er die Kunstschule besuchte, mit Musik. Mit dreizehn Jahren verdiente er wöchentlich 7,50 Dollar durch Orgelspielen in einer Kirche, zwei Dollar pro Woche für das Klavierspiel bei den Gebetsabenden am Freitag, er gab für 50 Cent pro Stunde Musikunterricht, obwohl er selbst nur drei Monate lang eine musikalische Ausbildung erhalten hatte, und einen Sommer lang leitete er das Salonorchester in einem Ferienhotel.

In dieser Zeit hörte Paderewski ihn zufällig eine seiner Kompositionen spielen. Dreißig Jahre später bestand Paderewski bei einem distinguierten Treffen von Musikern im Studio von Sig. Buzzi-Peccia[43] zu Ehren des Maestros Gatti-Gazazza[44] darauf, dass Russell eine seiner Kompositionen spielen sollte, einen Walzer. Widerstrebend spielte er ihn, und Buzzi-Peccia schrieb ihn nieder. So ist dieser eine Walzer die einzige von Walter Russells vielen Kompositionen, die jemals aufgezeichnet wurde, wenn man von fünf Stücken absieht, die er für 100 Dollar an einen anderen Musiker zur Verwendung unter dessen Namen verkauft hatte.

In seiner zweiten Phase illustrierte Russell Bücher und Zeitschriften. Von 1897 bis 1898 leitete er die Illustrationsabteilung von *Collier's Weekly*[45], dann wurde er Illustrator und Korrespondent für *Collier's* und *Century*[46] im Spanisch-Amerikanischen Krieg von 1898. 1900 vollendete er sein allegorisches Gemälde »Die Macht der Zeitalter«. Es wurde zuerst in der Internationalen Kunstausstellung Turin gezeigt, fand in Italien wohlwollende Beachtung und wurde dann in ganz Europa ausgestellt, was ihm viele Ehrungen in Frankreich, Belgien und Spanien einbrachte, darunter die Mitgliedschaft in der Spanischen Akademie der Künste und Literatur in Toledo.

In seiner dritten Lebensphase malte er hauptsächlich Porträts. Seine wichtigsten Lehrer für Malerei waren Albert Munsell und Ernest Major aus Boston gewesen, Howard Pyle aus Philadelphia und Jean Paul Laurens von der Academie Julian in Paris. Zunächst spezialisierte er sich auf Kinder. Er malte die Kinder der Prominenz im ganzen Land, darunter auch die Kinder von Präsident Theodore Roosevelt, des Governeurs von Massachusetts, Oliver Ames, von Thomas Lawson[47] und vielen anderen. Auf dem Gipfel seines Ruhmes als Spezialist für Kinderporträts wurde er vom *Ladie's Home Journal*[48] beauftragt, die zwölf hübschesten Kinder des Landes auszuwählen und quer durch Amerika zu reisen, um sie zu malen.

1914 hörte er auf, Kinder zu malen, und erstellte zahlreiche Porträts von Prominenten, darunter von Erzbischof Corrigan, Bischof Alexander C. Garrett, Sir Thomas Lipton, Hudson Maxim, Ms. Theodore Roosevelt, Alexander Revell[49], Clayton Sedgewick Cooper[50] und vielen anderen.

In dieser Zeit schrieb er *The Bending of the Twig, Age of Innocence, Das Universale Eine (The Universal One), Eine neue Vorstellung vom Universum (A New Concept of the Universe), Gruß an den Tag (Salutation to the Day), The Sea Children* und hielt hunderte von Vorträgen[51].

Die größten Dinge, die er in seinem Leben getan hat, geschahen jedes Mal unvorbereitet. Er hat zum Beispiel nie Architektur studiert. Da er jedoch den starken Wunsch verspürte, bessere Ateliers für Künstler zu bauen, entwarf er ein Gebäude für sie. Er entwarf und erbaute in New York City Gebäude im Wert von zwanzig Millionen Dollar, zum Beispiel das weltbekannte *Hotel des Artistes* in der West 67th Street, das erste *Hotel Pierre,* das einen ganzen Block der Park Avenue zwischen der 48th und 49th Street einnahm, *Alwyn Court* zwischen der 58th Street und Seventh Avenue und, gegenüber dem Museum für Naturgeschichte in der 79th Street, das wunderschöne *Gothische Atelierhaus.* Das letztere baute er auf Treibsand, mit dem fertig zu werden ihn dreihunderttausend Dollar kostete. Er entwarf die Idee des Duplex-Studio-Apartments und brachte sie zur Anwendung; sie hat seitdem viele Nachahmer gefunden.

Außerdem finanzierte er Gebäude, verkaufte dann alle Wohnungen und entwickelte sogar die rechtliche Möglichkeit, aus einer Idee, die vorher als unsolide galt, ein solides wirtschaftliches Prinzip zu machen. Es war das Prinzip der Eigentümerkooperative[52], die später viele Jahre lang weltweit als solides ökonomisches Prinzip anerkannt wurde. Die Idee zu diesem Prinzip empfing er als Inspiration. Rechtsanwälte beschieden ihn, das sei nicht möglich, Makler und Bankiers erklärten es für lächerlich. Er zeigte ihnen, dass dieses Prinzip solide war, obwohl er von juristischen Finessen und Finanzen nichts verstand. Aber er kannte das Universale Gesetz, wandte dieses Naturgesetz des Gleichgewichtes auf das menschliche Gesetz an und ließ so in New York eine neue Ära von Immobiliengeschäften anbrechen. Um die Beschaffung des ersten Darlehens musste er sehr hart kämpfen, aber nachdem vier oder fünf Gebäude errichtet worden waren, bot ihm jede Bank in der Stadt so viel Geld, wie er wollte, und er baute nach diesem Prinzip viele Gebäude, die später berühmt wurden.

Dann kamen Immobilienspekulanten und richteten das Prinzip zugrunde. Sie verletzten das universale Gesetz des Gleichgewichtes zwischen Geben und Nehmen. Für sie waren das Produkt und der Profit wirklicher als der Gedanke, der das Produkt erschaffen hatte. Sie beuteten jede Vermittlung für sich aus und ließen ihren Kooperative-Kunden nur die Verbindlichkeiten übrig. Die Folge ist, dass jedes kooperativ organisierte Gebäude, das Walter Russell errichtete, noch heute[53] Gewinn abwirft – und manche von ihnen sind fünfundvierzig Jahre alt – während praktisch alle Projekte, in denen Geschäftsleute das Prinzip abwandelten, um ihren Profit zu erhöhen, gescheitert sind. Sie haben kurzsichtig einen wunderbaren Markt abgewürgt und eine kosmische Idee ruiniert, indem sie ihre sofortigen Profite auf Kosten der zukünftigen erhöhten. Dadurch haben sie nebenbei den Investoren, die sich auf sie verlassen haben, Verluste in Millionenhöhe verursacht.

Dann kam mit sechsundfünfzig Jahren der Übergang Russells zur Bildhauerei. Sein Wechsel vom Malen zur Bildhauerei ergab sich nur aufgrund eines Zufalls. Er war sein Leben lang Maler gewesen und hatte nie mit Ton gearbeitet. Die *Gesellschaft für Künste und Wissenschaften,* zu deren Präsidenten Russell gewählt worden war, wollte Thomas Edison eine Medaille überreichen. Der Künstler, der das Porträt für die Medaille hätte modellieren sollen, ließ die Gesellschaft im Stich. Also besorgte sich Walter Russell etwas Ton und telegrafierte an Mr. Edison, dass er kommen und die Aufgabe selbst übernehmen würde.

Ein solch plötzlicher Wechsel von einem vertrauten Material, an dem der Körper bis in die feinsten Reflexe hinein geschult ist, zu einem neuen Werkstoff, der ganz neue Fertigkeiten erfordert, war, als würde ein Geiger sich plötzlich ans Klavier setzen.

»Es war vielleicht überhaupt nicht klug von mir, denn mit einem so bedeutenden Mann wie Edison als Versuchsperson hätte ich ein Scheitern vielleicht nicht überlebt«, stellte Russell dazu fest. »Aber ich lasse den Gedanken an ein Scheitern nie in mein Bewusstsein. Mein Wissen um meine Einheit mit dem universalen Einen und die Tatsache, dass ich dies tun musste sowie der inspirierte Glaube, dass ich es tun sollte, als Demonstration meines Glaubens in die unbegrenzte Macht des Menschen, ließen mich die vor mir liegenden Schwierigkeiten ignorieren.

Abbildung 13: Thomas Edison (Büste von Walter Russell)

Also fuhr ich mit einem Klumpen Ton nach Florida, aber auf dem ganzen Weg verbrachte ich meine Zeit versunken in inspirierende Meditation mit der universalen Quelle aller Inspiration, um die Omnipotenz des Selbstes in mir voll und ganz zu realisieren und so auf meisterhafte Weise tun zu können, wozu ich sonst niemals in der Lage gewesen wäre. Das Ergebnis war einer der größten Meilensteine in meiner Laufbahn.

Wenn ich dem üblichen Vorgehen eines Menschen mit oberflächlichem Bewusstsein gefolgt wäre und den ganzen Weg bis Florida Bridge gespielt oder mein Bewusstsein in anderer Weise versklavt hätte, indem ich es von seinem schöpferischen Zweck hätte abkommen lassen, um die große Anhäufung gefühlsbegabter Partikel zu unterhalten, die ich meinen Körper nenne, anstatt mich dieser steilen Hürde mit Ehrerbietung und der Abgrenzung des Bewusstseins von körperlichen Bedürfnissen zu nähern, wäre ich gescheitert, das weiß ich sicher. Tatsächlich wusste ich aus meiner langen Erfahrung mit Versuchen, das Unerreichbare zu erreichen, dass Meditation und die Einswerdung meines Selbstes mit dem universalen Selbst der einzige Weg waren, um diese Unmöglichkeit zu bewältigen.

Die Einswerdung, die ich gerade beschrieben habe, ist der schöpferische Denkprozess aller Super-Denker. Sie hat nichts mit den Sinnesreflexen des komplex organisierten Körpers zu tun, die wir so oft mit Denken verwechseln.«

Weitere Porträtbüsten folgten gleich danach, darunter die von Cass Gilbert[54], Leopold Godowsky[55], Jeanne d'Arc[56], Colette D'Arville[57], Thomas J. Watson[58], George Gershwin[59], Hereward Carrington[60] und die kolossale Büste von Charles Goodyear[61], ein Fragment seines in Akron, Ohio, für den großen Entdecker errichteten Denkmals.

Walter Russell hatte den Wechsel von der Malerei zur Bildhauerei erst wenige Jahre zuvor vollzogen, als er den Auftrag erhielt, ein Denkmal für Mark Twain mit achtundzwanzig Figuren zu erschaffen. Es ist schwierig, eine Gestalt zweidimensional zu malen; mit zwei Figuren ist es nicht doppelt, sondern viermal so schwer. Die Schwierigkeit nimmt im Quadrat zu. Bei der Bildhauerei, die dreidimensional ist, wächst die Schwierigkeit im Kubik, und zwei Gestalten sind achtmal so schwer wie eine. Russell hatte noch nie ein Denkmal geschaffen, und insofern war dieses Unterfangen, was die Welt der Bildhauerei anging, ein bisschen unverschämt. Andere bedeutende Bildhauer sagten: »Narren stürmen voran, wo Engel nicht zu gehen wagen. Niemand hat je erfolgreich eine Gruppe mit achtundzwanzig Figuren gestaltet.«

Es war ein weiterer Beweis für Walter Russells Überzeugung, dass man jedes gewünschte Ergebnis hervorbringen kann, wenn man wie er mit einem Wissen von den zugrundeliegenden Prinzipien des Gleichgewichtes beginnt, das für alle Dinge von fundamentaler Bedeutung ist, und mit dem sicheren Gefühl, dass man es kann, weil man mit der Aufgabe nicht allein ist; das ganze Universum arbeitet mit und hilft, das ordnungsgemäße Wachstum des *Ganzen* fortzusetzen, von dem der eigene kleine Anteil genauso notwendig ist wie jeder große Teil.

Russell bat Gott nie darum, Er solle ihm die Macht verleihen, irgendetwas zu tun, denn er wusste, dass er diese Macht bereits hatte. Er bat in seiner wortlosen, inspirierten Einswerdung mit Gott lediglich darum, sich dieser universalen Allmacht stets bewusst zu bleiben.

Wenn Russell in kritischen Augenblicken je die leisesten Anzeichen von Furcht verspürte, wusste er, dass sein Bewusstsein nachließ. Dann pflegte er zu sagen: »Oh Gott, steh mir bei, ich brauche Dich«, denn er wusste, dass Ängste aus einem Mangel an Bewusstheit von der universalen Allmacht im Menschen entstehen und dass aus diesen Ängsten Niederlagen hervorgehen.

Das Mark-Twain-Denkmal gefiel Rudyard Kipling, John Masefield, George Bernard Shaw und anderen englischen Schriftstellern so gut, dass sie die britische Regierung veranlassten, in den *Victoria Embankment Gardens* eine Nachbildung aufstellen zu lassen.

Als der Zweite Weltkrieg ausbrach, erhielt Walter Russell den Auftrag, von Colin Kelly, dem ersten Kriegshelden, eine Büste für das Colin-Kelly-Denkmal in Madison, Florida, zu erstellen, das vom Gouverneur von Florida eingeweiht wurde.

Als nächstes schuf er eine Gruppe von vier Gestalten, welche die Freiheit der Rede, die Freiheit der Religion, die Freiheit von Mangel und die Freiheit von Angst darstellten; er entwarf und deutete sie nach einer Vorstellung, die der unlängst verstorbene Franklin D. Roosevelt so zum Ausdruck gebracht hatte: »Vier Engel mit schützend erhobenen Flügeln, in die vier Himmelsrichtungen blickend, wären meine Vorstellung für ein Weltsymbol.« Die Skulptur wurde bei der *Women's International Exhibition of Arts and Industries* am 22. November 1943 im Madison Square Garden in New York enthüllt, und zwar von Ms. Harold V.

Milligan, Kommandeurin der Feldarmee des National Cancer Hospital in Gegenwart des Frauenhilfswerks für Veteranen aus Kriegen im Ausland.

Walter Russell ist ein engagierter Verfechter der Vielseitigkeit bei allen schöpferischen Arbeiten. Er glaubt, dass man jede körperliche Arbeit viele Stunden lang tun kann, hingegen geht er davon aus, dass man bei geistig schöpferischer Arbeit nur zwei Stunden hintereinander auf einem Gebiet das Beste leisten, dann jedoch mit unverminderter Frische zwei weitere Stunden auf einem anderen Gebiet arbeiten kann. Manchmal arbeitet er deshalb an fünf verschiedenen Werken zugleich jeweils zwei Stunden, »und auf diese Weise kann ich fünf Leben in einem führen«, sagt er.

Russell glaubt auch, dass jeder Mensch Meister in allem sein soll, was er tut, es meisterhaft tun und es lieben sollte, was es auch ist, ob harte körperliche Arbeit, langweilige untergeordnete Arbeit oder schöpferisches Tun.

Das ist für ihn grundlegend. Er hält es für die Ursache seiner vollkommenen Gesundheit und großen körperlichen Kraft während seines gesamten Lebens. Er glaubt, dass jeder Mensch sein gesamtes Leben hindurch vital und voller Schwung sein kann, vorausgesetzt, er hat den übermächtig starken Wunsch nach intensivem Selbstausdruck und eine Liebe zu allen Pflichten jeder Art sowie eine tiefe Liebe zum Leben, zu den Menschen und zu allem anderen.

Walter Russell stellt dieses Prinzip am deutlichsten mit seinem eigenen Leben unter Beweis, denn er ist einer der lebenssprühendsten Menschen, denen ich je begegnet bin. Seine Stimme hat noch heute den kraftvollen Klang eines Vierzigjährigen.

Er hat seinen Lebensunterhalt auf achtunggebietende Weise durch Werke im Bereich aller fünf schönen Künste – Musik, Literatur, Architektur, Malerei und Bildhauerei – verdient und auf zwei Gebieten noch wesentlich mehr geleistet. Er hat außerdem großartige wissenschaftliche Entdeckungen gemacht und sich als Philosoph und Redner über die Ethik zwischenmenschlicher Beziehungen internationales Ansehen erworben.

Abbildung 14: Mark Twain und Tom Sawyer (Zentralfiguren des auf S. 164 f. gezeigten Denkmals)

Kapitel Vier – Wir begegnen dem Mann der Tat

Viele Jahre lang hielt Walter Russell vor Angestellten und Verkäufern der *International Business Machines Corporation (IBM)* Vorträge über die Philosophie des Lebens, Selbstvervielfachung des Individuums und ethische Prinzipien im Geschäftsleben. Er tat dies in dem Bemühen, durch größeres Verständnis für das Licht der Allwissenheit, das in allen Menschen auf das Bewusstwerden seiner Gegenwart wartet, ein edleres Menschengeschlecht heranzubilden. In diesen Jahren erschütterte er die Grundlage des *caveat-emptor*-Prinzips (lateinisch: »der Käufer soll aufpassen«), das allgemein gebräuchlich war, als er begann, die Prinzipien der Bergpredigt in die Geschäftswelt einfließen zu lassen. In seinem ersten Vortrag vor diesem großen Unternehmen teilte er den Führungskräften mit, dass er zutiefst schockiert sei über die beiden Slogans, die damals die Grundlagen der Geschäftswelt bildeten. Sie lauteten: »Der Käufer soll aufpassen« und »Nur der Verkauf zählt«.

In jenen Tagen herrschte die allgemeine Überzeugung vor, dass man als Geschäftsmann nicht ehrlich sein und dabei gleichzeitig Geld verdienen und erfolgreich sein könne. »Geschäft ist Geschäft«, hieß es, mit dem Unterton, dass man so gemein vorgehen könne, wie man wolle, solange man die Grenzen der Legalität wahre.

»Das ist die Urwaldphilosophie eines jeden Menschen für sich allein«, sagte Walter Russell hierzu. »Sie kann in der Geschäftswelt nicht weiterhin angewandt werden, denn sie verstößt gegen das Naturgesetz. Die Zukunft der Wirtschaft liegt im Verständnis des Menschen für das Prinzip des Gleichgewichtes im Naturgesetz und in seinem Entschluss, *mit* der Natur anstatt gegen sie zu arbeiten.

Das dem *einen* Gesetz der Natur zugrunde liegende Prinzip des Gleichgewichts bedeutet eine Ausgewogenheit des Austausches zwischen polaren Paaren bei jedem Vorgang in der Natur. Dieses Prinzip muss endlich in der Geschäftswelt zum Tragen kommen. Bei dem habgierigen Verkäufer, der selbstsüchtig nur an seine Verkaufszahlen denkt, sind Geben und Nehmen nicht ausgewogen. Daher behaupte ich, dass der gleichwertige Austausch von Waren und Dienstleistungen zwischen Käufer und Verkäufer das Thema der Geschäftswelt von morgen ist, wenn die Vision eines modernen Geschäftsmannes diesen zu dem weisen Entschluss bringt, eine solche Vorgehensart in seinen Ehrenkodex zu übernehmen.«

Auf diese Weise konnte Russell die ersten Saaten seiner Erfolgsphilosophie im großen Stil in der Geschäftswelt ausbringen.

Selbst in seiner Freizeit und bei weniger angenehmen Aufgaben hielt er sich an das Prinzip, von sich selbst in allen Dingen meisterliche Leistungen zu fordern.

Beim Eislaufen zum Beispiel holte er auf eigene Kosten die besten Lehrer der Welt, um seine bereits hohe Kunstfertigkeit beim Figurenlaufen zu verbessern und den Eiskunstlauf im eigenen Land zu fördern. Zu diesem Zweck gründete er den Eislaufclub New York, wurde dessen erster Präsident und richtete die ersten vier Maskenbälle aus, die nun zu den großen jährlichen Ereignissen im *Madison Square Garden* gehören und die hohe Kunst des Figurenlaufens zur Blüte brachten.

In dieser Zeit bestand er die anspruchsvollen Prüfungen, die ihm automatisch die landesweiten Amateurmeisterschaften zuerkannten, erhob jedoch nicht einmal Anspruch auf den Titel. Er ist von den Tagen der berühmten »Charlotte«[62] an bis heute mit den besten Profis eisgelaufen. Auf Anfrage der Hippodrom-Verwaltung lief er einen Abend lang ein Einzel- und Paar-Programm mit Charlotte, »nur zum Spaß«, wie er sagte.

Mit neunundvierzig Jahren lief er mit der damaligen Trägerin des Meistertitels Beatrice Loughlin ein Eislaufprogramm für *Patheé News* in Lake Placid. Etliche Jahre lang gehörte er bei den Eislaufwettbewerben in Lake Placid zur Jury. Er repräsentierte als Preisrichter beim Internationalen Wettbewerb um den Duke of Connaught-Preis in Ottawa die Vereinigten Staaten und führte beim Abendprogramm mit der Herzogin von Devonshire die Eröffnungspolonnaise an.

Mit neunundsechzig Jahren gewann er beim Figurenlauf drei erste Preise gegen Konkurrenten, die alle unter dreißig waren. Er läuft heute noch[63] bei Radio City und in verschiedenen privaten Eislaufclubs.

Viele Jahre lang war er ein begeisterter und guter Reiter. In dem Wunsch, »Spitze« zu sein, besorgte er sich die allerbesten Trainer und wurde ein so guter Reiter, dass er mit schwarzen Hengsten die »hohe Schule« trainierte, wie man sie im Zirkus sieht. Jeden Morgen zwischen sieben und neun war er in Durlands Reitakademie auf dem Platz zu finden, wo er mit ungeheurer Begeisterung mit einem oder mehreren der berühmten arabischen Hengste arbeitete; sie gehörten zu den siebenundzwanzig arabischen Hengsten, die er später jahrelang in Oyster Bay hielt, um sie mit dem Bestand von Henry Clay zu kreuzen und so eine amerikanische Rasse hervorzubringen, die den berühmten russischen Orloff-Pferden ebenbürtig oder sogar überlegen war. Von 16 bis 18 Uhr ritt er jeden Tag im Central Park schwarze Araberhengste, immer schwarze Hengste. Nachdem er ein solches Niveau erreicht hatte, bestieg er niemals mehr ein weniger ausgezeichnetes Pferd.

Zum Besitzer dieser Pferde wurde er aufgrund der Gewohnheit, beim Reiten mit Präsident Theodore Roosevelt die Pferde zu tauschen. Der Eigentümer von Huntington Stud in Oyster Bay war überglücklich, den Präsidenten und seinen Künstlerfreund auf seinen wunderbaren Hengsten reiten zu lassen!

Der Künstler verliebte sich in ein Pferd namens Black Diamond und in eine weitere Reinzucht vom arabischen Anazeh-Stamm namens Khaled. Er bot Mr. Huntington je fünftausend Dollar für die beiden Tiere, aber der Züchter sagte, er würde nur alle seine Pferde verkaufen oder keines. Da kaufte Walter Russell sie alle für fünfzigtausend Dollar.

Eine Stunde später war der Präsident so besorgt über das, was er als Russells Impulsivität bezeichnete, dass er beabsichtigte, sich persönlich zu Mr. Huntington zu begeben, um die Rückgabe der Anzahlung von zehntausend Dollar zu erbitten und den Handel rückgängig zu machen.

»Was werden Sie um Gottes Willen mit den Pferden anfangen?«, fragte der Präsident. »Wo wollen Sie die Tiere unterbringen? Sie werden tonnenweise Hafer kaufen müssen und sich mit den Tieren schließlich ruinieren — wie Mr. Huntington.«

»Ich habe das gesamte Anwesen gleich mitgekauft, das Haus mit vierzig Acre[64]. Ich habe auch vereinbart, alle seine Helfer zu übernehmen, und ich werde die Verantwortung einem guten Bekannten übertragen. Das Ganze wird mich nicht viel Zeit kosten und interessiert mich zutiefst«, erwiderte Walter Russell.

Jahre später verkaufte er die Pferde für fünfzehntausend Dollar pro Tier, und der Grundstückswert seines Anwesens stieg so sehr an, dass seine Verluste von den Gewinnen praktisch ausgeglichen wurden. Als er mir davon erzählte, fügte er hinzu: »Das war eine der großartigsten Erfahrungen meines Lebens. Ich würde sie um keinen Preis missen wollen.«

Selbst bei unangenehmen Pflichten hielt er sich an sein Prinzip. Es sollte eigentlich keine unangenehmen Pflichten im Leben geben, sagte er. Wenn man eine Sache »mit größtem Widerwillen« tut, entwickelt dieser Widerwille körperschädigende Toxine, und man wird sehr schnell müde.

»Sie müssen alles, was Sie tun, lieben. Tun Sie es nicht nur freudig, sondern liebevoll und so gut Sie können. Diese Liebe zu der Arbeit, die Sie sowieso erledigen müssen, gibt Ihrem Körper Kraft und hält die Müdigkeit von Ihnen fern.«

Auf seinem berühmten Landsitz musste er oft den Rasen selber mähen, eine Arbeit, die er nicht mochte. Um sie sich interessanter zu gestalten, schnitt er beim Mähen Muster und Figuren in das Gras und löschte diese Muster dann nach und nach wieder aus, so dass er es regelrecht bedauerte, wenn das Spiel zu Ende ging. Das war seine Methode, Arbeit in Spiel zu transformieren.

In seinen philosophischen Aufzeichnungen findet sich der Satz: »Wenn mir untergeordnete Aufgaben zufallen, verkläre ich sie und mache eine Kunst daraus, sie zu erledigen.«

»Was ist mit Niederlagen? Sind Sie jemals mit irgendetwas gescheitert?«, fragte ich.

»Du meine Güte, ja!«, erwiderte er. »Ich habe meine gehörige Portion von sogenannten Niederlagen abbekommen. Ich habe mein Glück errungen und verloren. Ich habe zugeschaut, wie eigene großartige Pläne durch meine eigenen Fehleinschätzungen oder aus anderen Gründen zunichte gemacht wurden. Bei der Finanzpanik von 1907 verlor ich dreihunderttausend Dollar. Beim Fiasco von Miami verlor ich einen Vorschuss von zehntausend Dollar monatlich auf Architekturverträge zum Entwurf von Gebäudekomplexen im Wert von über achtzig Millionen Dollar für Miami Beach, Coral Gables, Coconut Grove und andere Seebäder in Florida. Zwei davon waren abgeschlossene Verwaltungsviertel, und zu einem Objekt gehörten sieben Meilen Strand bei Jacksonville.

Aber ich erkenne solche Dinge nicht als Niederlagen an. Sie sind für mich lediglich lehrreiche Lebenserfahrungen und wichtige Sprossen auf der Erfolgsleiter. Niederlage ist ein Zustand, den man akzeptieren muss, um ihm Realität zu verleihen. Ich weigere mich, ihm durch Akzeptanz Realität zu verleihen. In meiner Philosophie habe ich folgende Worte niedergeschrieben: ›Niederlagen kenne ich nicht. Sie berühren mich nicht. Ich begegne ihnen mit wahrem Denken. Ihnen zu widerstehen stärkt mich. Aber wenn es sich ergibt, dass der Tag mir den bitteren Kelch reicht, wird sich der Trank im Trinken versüßen.‹

Eine der herzzerreißendsten sogenannten Niederlagen, die ich je erlebt habe, ereignete sich in meiner Jugend. Mit achtundzwanzig Jahren hatte ich eine sehr ambitionierte Allegorie namens *Die Macht der Zeitalter (The Might of the Ages)* gemalt, mit der ich die Kraft des Gedankens beim Entstehen der Zivilisation symbolisieren wollte. Ich hatte mir Großartiges davon versprochen und hoffte, dass dieses Bild von der Nationalakademie ausgestellt werden würde. Zu meiner völligen Verblüffung lehnte die Akademie es ab. Die Generalbevollmächtigten des Königs von Italien sahen es jedoch zufällig bei meinem Galeristen und nahmen es ohne Beurteilung durch eine Jury als beispielhaft für die amerikanische Malerei in die Internationale Kunstausstellung Turin auf, die 1900 zur Feier der Jahrhundertwende stattfinden sollte. Die Nationalakademie geriet wegen ihrer ablehnenden Entscheidung landesweit in die Kritik. Das Bild wurde noch in weiteren europäischen Städten ausgestellt und verschaffte mir etliche lobende Erwähnungen, eine Mitgliedschaft in der Spanischen Akademie der Künste und Literatur, einen Orden (eines von diesen Dingern am purpurnen Band, die ich schon lange verloren habe) und das Vergnügen eines persönlichen Besuchs von König Albert von Belgien, der das Bild wiedersehen wollte, in meinem New Yorker Atelier. Wie kann man das als Niederlage bezeichnen? So etwas gibt es nicht.«

»Was ist die große Leidenschaft Ihres Lebens?«, fragte ich.

»Schönheit«, erwiderte er, ohne zu zögern. »Schönheit und der Vorzug, das Leben als meisterhafter Deuter des Lichtes zu leben.« – »Was meinen Sie mit Schönheit?«, fragte ich.

»Vollendeten Rhythmus, ausgewogene rhythmische Vollendung. Alles in der Natur wird durch rhythmische Lichtwellen zum Ausdruck gebracht.

Jeder Gedanke, jede Tat ist eine Lichtwelle von Gedanke und Tat. Wenn man den inneren Gott übersetzt, müssen die Gedanken und Taten ausgewogene rhythmische Wellen sein. Hässlichkeit, Furcht, Niederlagen und Krankheiten entstehen aus unausgewogenen Gedanken und Handlungen. Daher sollten wir immer Schönheit denken, wenn wir uns körperliche Vitalität und Glück wünschen.«

In der Lebensphilosophie Walter Russells wird dieses Prinzip so formuliert: »Ich sehe in allen Dingen Schönheit und Güte. Gegen alles, was unschön ist, ist mein Blick gefeit.«

Walter Russell steht nun am Ende seiner letzten Übergangsepoche, in der er sich hauptsächlich mit Wissenschaft und Philosophie befassen wird, ohne jedoch Malerei, Musik oder Bildhauerei ganz aufzugeben.

Er sah als erster zwei der größten Entdeckungen der modernen Zeit voraus – die Wasserstoff-Isotope, die zur Entdeckung des »schweren Wassers« führten – sowie die beiden in der Atombombe verwendeten neuentdeckten Elemente. Er machte vor einer Versammlung etablierter Wissenschaftler auf die Komplexität von Wasserstoff aufmerksam, Jahre bevor sich die Wahrheit seiner Behauptung erwies. Aber es ist die Atombombe, die sich als die umwälzende, epochemachende Entdeckung der Zukunft erweisen wird. Die beiden neu entdeckten Elemente, die der Atombombe zugrunde liegen, Neptunium und Plutonium, wurden bereits 1926 in seinem speziellen Periodensystem der Elemente veröffentlicht. Walter Russell nannte sie Uridium und Urium. Er sagte ebenfalls voraus, dass, sollten diese Elemente je entdeckt werden, die Druckkräfte dieses Planeten nicht ausreichen würden, um sie zusammenzuhalten.

»Es ist geradezu lustig, wenn davon gesprochen wird, man würde *das Geheimnis hüten und in amerikanischen und britischen Archiven verschließen*«, war sein Kommentar. »Wissen kann nicht weggesperrt werden. Es ist kosmisch, es steht jedem Denkenden weit offen und ist lediglich auf dessen Wissen begrenzt. Und in diesem Land gibt es heute genug Wissen, um die heutige atomare Geheimhaltung schon in wenigen Jahren nutzlos werden zu lassen.«

Als ich um einige Hinweise aus seinem neuen Wissen bat, wie die neuen Entdeckungen von allgemeinem Nutzen sein könnten, erklärte er, dass wir alle elektrochemischen Arbeitsweisen umkehren müssen und uns nicht mehr zuerst auf den Stoff und danach erst auf die Elektrizität verlassen sollten. »Es ist tatsächlich besser«, sagte er, »den Stoff praktisch zu vergessen, denn nur die verschiedenen Elektrizitätsgefälle in verschiedenen Abschnitten der Welle allein bestimmen die Verschiedenartigkeit der Stoffe und vollbringen alle Wunder, sowohl im Labor der Natur wie in dem des Chemikers. Die Zahl der Elektronen und Protonen hat nicht das Geringste mit der Festlegung von Unterschieden bei den Elementen zu tun, wie allgemein angenommen wird. Die sogenannte Materie oder Stofflichkeit hat keinerlei Existenz. Was der Mensch Materie nennt, sind nur Wellen der Bewegung von Licht, elektrisch aufgeteilt in polare Paare, dann elektrisch konditioniert und in Muster gebracht, die wir als verschiedene materielle Stoffe bezeichnen. Kurz gesagt: Materie ist nur die Bewegung von Licht, und Bewegung ist nichts Stoffliches, auch wenn es so wirkt. Ohne Bewegung gäbe es nicht einmal den Anschein von Stofflichkeit.

Die Elektrizität bewirkt alle Eigenschaften und Attribute von wellenförmig bewegtem Licht, das wir uns stofflich denken. Dichte, Alkalität, Azidität, Leitfähigkeit, Druckverhältnisse von Wärme und Kälte und selbst das Erscheinungsbild werden den Lichtwellen durch zwei elektrische Arbeiter verliehen, die das Universum aufbauen und es in polarisierte Felder aufteilen; bemessen werden diese von den beiden magnetischen Feldmessern, die alle elektronischen Aktionen im Gleichgewicht mit ihren Reaktionen halten.

Wir heben dann eines dieser Produkte von Wellenbewegung auf und sagen: ›Das ist ein Stück Stahl‹, oder ›Das ist ein Apfel‹, ohne uns im geringsten darüber klar zu sein, dass der plötzliche Entzug der elektrischen Kraft, die jenen Bewegungszustand ins Sein brachte, gleichermaßen den Betrachter wie das Objekt, und alles eine Meile oder noch mehr im Umkreis dieser beiden, in das Nichts des Gleichgewichts schleudern würden, von dem wir elektrisch entnommen sind.

Und genau das ist Radioaktivität: eine schnelle Rückkehr in den Zustand der Ruhe, der dem geistigen oder unsichtbaren Universum zugrunde liegt. Und nichts anderes ist ein Lichtblitz, im Gegensatz zur Flamme, die eine langsamere Rückkehr bedeutet, oder zur Verwesung, die eine noch allmählichere Rückkehr darstellt.«

»Und so«, sagte Walter Russell, »müssen unsere kreativen Denker in den Laboratorien der Welt in erster Linie auf das Licht schauen, das die Grundlage des Universums bildet, und auf die Welle, in der die Geheimnisse der Schöpfung liegen. Sie müssen darauf blicken, was Elektrizität mit Licht tut und warum, und auf das Warum von elektrisch zum Ausdruck gebrachter Energie, statt die Aufmerksamkeit auf die Materie zu richten. Nur so können sie die Wunder von morgen vollbringen.«

»Erzählen Sie mir, wie Sie sich Ihre wissenschaftlichen Kenntnisse erworben haben«, bat ich. »Sie sagten, Sie hätten nie Physik studiert und in Ihrem Leben nur sehr wenige Bücher gelesen.«

»Das liegt daran, dass ich immer nach der *Ursache* hinter den Dingen gesucht und meine Zeit nicht mit der Analyse von *Wirkungen* vertan habe«, erwiderte er. »*Alles Wissen existiert als Ursache.* Und es ist einfach. Es beschränkt sich auf das

All-Licht des *Geistes* und auf die elektrische Bewegungswelle, die Gottes Denken in der Materie aufzeichnet.

Wirkungen sind komplex – unendlich komplex – aber über Wirkungen kann man kein *Wissen* erlangen. Über Wirkungen kann man nur *informiert* sein. Information ist kein Wissen. Unsere Ausbildungsabläufe *informieren* uns, aber bevor wir die ewige Wahrheit, die dieser Information zugrunde liegt, nicht erkannt haben, besitzen wir kein *Wissen* über sie. So, wie Nahrungsmittel im Laden keine Nahrung darstellen, bevor sie nicht in den Blutstrom aufgenommen wurden. All-*Wissen* ist jedem möglich – und der Kosmos gibt es jedem, der fragt, aber über alle *Informationen* zu verfügen ist unmöglich.«

»Können Sie mir sagen, durch welchen Vorgang dieses Allwissen zu Ihnen gelangte? War dies immer ein allmählicher Prozess, das Ergebnis von ernstem, geduldigem Suchen, oder gab es einen Höhepunkt, eine Phase der Offenbarung oder Erleuchtung?«

Walter Russell erwiderte: »Ich werde es ganz einfach ausdrücken. Im Mai 1921 trug Gott mich empor zu einem Gipfel der Inspiration und intensiven Ekstase. Ein strahlender Lichtblitz trennte mein körperliches Empfinden von meinem Bewusstsein, und ich fand mich frei von meinem Körper und vollständig in dem Bewusstseinsuniversum des Lichtes, das Gott ist.

Und dann sprach Gott zu mir: ›Siehe die Einheit aller Dinge in Meinem All-Licht, und die scheinbare Getrenntheit aller Dinge in den beiden Lichtern Meines geteilten Denkens. Siehe, dass Ich – das Ungeteilte, Unwandelbare – in allen geteilten Dingen bin und ihnen eine Mitte gebe, und Ich bin außerhalb aller wandelbaren Dinge und lenke sie.‹

Und die Geheimnisse des Universums wurden mir in ihrer großen Einfachheit offenbart, da sich meinem Bewusstsein die Türen zum Licht voll und ganz öffneten. In kürzerer Zeit, als ich brauche, um es in Worte zu fassen, wusste ich alles, was es über die *Ursache* aller Wirkungen zu wissen gab, denn es gab sehr wenig zu wissen. In jener Stunde war es, als würde die unendliche Komplexität in dem sich drehenden Kaleidoskop plötzlich auseinander genommen, und mir wurde gezeigt, dass die Gesamtheit seiner Illusion aus nicht mehr bestand als aus drei Spiegeln und ein paar Glasscherben. Genauso bestand das universale Kaleidoskop nur aus sich bewegenden Spiegelwellen von dualem Licht. Diese dehnten sich, ausgehend von ihrem Gleichgewicht in Gott, aus Dem alle schöpferischen Dinge entspringen, in elektrischen Oktavwellen aus, so wie Ozeanwellen der ruhigen See entspringen.

So besaß ich in dem Wissen um das statische Licht Gottes und die beiden dynamischen Lichter Seines Denkens sowie um die elektrischen Prozesse, mit deren Hilfe Sein Denken in ›Materie‹ aufgezeichnet wird, mit einem Mal den Schlüssel zu allen Wissenschaften – Mathematik, Chemie, Astronomie und Mechanik – und genauso zu allen zugrunde liegenden Prinzipien der Schöpfung: zum Leben und dem Prinzip der Heilung; zur Kontinuität in einem Universum, in dem es keinen Tod gibt; zu Energie, die nicht ist, wofür der Mensch sie hält; zur Materie, die nicht stofflich ist, wie der Mensch glaubt; sowie zu den Kräften, die auf Materie wirken und die der Mensch einigermaßen zu nutzen gelernt hat, ohne das Warum dessen zu kennen, was er benutzt.

Und gleichermaßen waren das Geheimnis der Seele und des Wachstums mir nun bekannt und die Grundmuster der Dinge in den Keimen der Dinge, sowie die Art ihrer Entfaltung, Vermehrung und Entwicklung.

Und ich kannte nun das *Gesetz,* das *All-Eine Gesetz,* das alle Dinge lenkt, die sich durch den universalen Pulsschlag, der alle Dinge in Bewegung bringt, von der Quelle her ausdehnen. Und mir wurde bekannt gegeben, dass ich das Wissen von diesem Gesetz auf alle menschlichen Beziehungen anwenden müsse, um so dabei zu helfen, die Welt an ihrem neuen Tag in Gottes Plan wieder neu zu machen.

Sehr viele Tage und Nächte war ich gehalten, alle diese Dinge, die ich nun wusste, in der *Botschaft der Göttlichen Iliade* niederzuschreiben, die meine Aufzeichnung der im Licht erhaltenen Lehren darstellt. In jenem Band von vielen tausend Worten gab es nie ein Radieren oder Nachbessern; und die Sprache jener göttlichen Botschaft war nicht die meine. Ich hätte weder eine solch rhythmische Essenz des Wissens schreiben können, noch den erhabenen Stil hervorbringen können.

Solcherart wurde ich dazu befähigt, das Universum als ein Ganzes zu sehen und sein einfaches Schöpfungsprinzip als eine Einheit, immer wiederholt, endlos und ohne Abweichung, wie der universale Herzschlag es zeigt. Mit diesem Herzschlag ist alles, was im Licht-Wellen-Universum pulsiert, verzahnt, um *als eine Einheit in einem einzigen Ganzen* zu wirken.

So einfach ist dieses der Schöpfung zugrunde liegende Prinzip, dass ich im Laufe dieser Jahre befähigt wurde, es in wenigen Sätzen auszudrücken und in

Abbildung 15: Ossip Gabrilowitsch (Büste von Walter Russell)

einem einzigen Oktavwellen-Diagramm darzustellen, so dass alle Gesetze und Theorien, die jemals in der Vergangenheit oder Zukunft von der Menschheit aufgestellt wurden und werden, anhand dieses Absatzes und dieses Diagramms überprüft werden können. Wenn sie nicht in dieses einheitliche Gesetz passen, stehen sie außerhalb des Naturgesetzes und müssen verworfen werden. Es wird sich herausstellen, dass sich die meisten selbst der grundlegendsten Gesetze und Theorien der Vergangenheit und Gegenwart nicht im mindesten in dieses zugrunde liegende Prinzip einfügen. Sie werden daher zugunsten der unsterblichen Wahrheit verworfen werden müssen.

Und so geschah es, dass ich, der ich nie eine Schul- oder Universitätsbildung über die Grundschule hinaus erhalten hatte, auf diese Weise während eines Augenblicks im Lichte wusste, was alle Universitäten der Welt niemals lehren konnten.

Durch diese Erfahrung, die kaum je einem Menschen widerfährt, lernte ich genau kennen, was Jesus meinte, als er vom ›Licht der Welt‹ sprach. Er meinte genau dies, aber es ist als Metapher oder Symbol fehlgedeutet worden.

Es ist kein größerer Beweis nötig als meine Erfahrung, um der zweifelnden Welt zu beweisen, dass alles Wissen in dem Bewusstseinsuniversum des Lichtes – das Gott ist – existiert. Alles Bewusstsein ist EIN Geist, und kein Mensch besitzt ein abgetrenntes Bewusstsein für sich allein. Alles Wissen kann aus der universalen Quelle des All-Wissens aufgenommen werden, indem wir mit dieser Quelle eins werden.«

Abbildung 16: Mark Twain (Büste von Walter Russell)

Kapitel Fünf – die Fünf Gesetze des Erfolges

»Ich fühle mich in diesem Atelier wie Alice im Wunderland«, stellte ich fest, als wir wieder beieinander waren. »Sind alle diese Gemälde und Skulpturen um mich herum wirklich, oder werde ich aufwachen und feststellen, dass sie bloß Ausgeburten meiner Fantasie sind? Wenn ich anderen von Ihrem Leben erzähle, wie kann ich sie von der Wirklichkeit all dessen überzeugen, was Sie auf so vielen Gebieten hervorgebracht haben?«

»Das bringt uns zu der Frage: Was ist Wirklichkeit?«, erwiderte Russell. »Ist dieses mein Werk die Wirklichkeit, oder ist der Gedanke die Wirklichkeit, der dem Werk zugrunde liegt? Wir blicken alle auf unser Werk und denken fälschlicherweise, das, was wir geschaffen haben, sei das Wirkliche. Aber halten Sie einfach einen Augenblick inne und denken Sie nach. Wenn Sie ein Telegramm versenden, fassen Sie Ihre Gedanken in Worte. Der in diesem Telegramm ausgedrückte Gedanke befindet sich in Ihrem Kopf. Die Worte, die Sie auf das Papier setzen, sind Symbole, die für jeden, der diese Symbole nicht in Ihre Gedanken übersetzen kann, sinnlos sind. Sie senden das Telegramm über einen Draht. Statt mit Worten haben Sie es nun mit anderen Symbolen zu tun, mit elektrischen Wellenformen in einem Draht oder im Raum, die wieder in Zeichen auf Papier umgewandelt werden. Sind diese Symbolreihen der Gedanke oder die Wirklichkeit? Haben sie für sich genommen irgendeine Bedeutung, oder haben Sie nur in dem Bewusstsein des Menschen Bedeutung, der sie schließlich interpretiert?

Ich sage: Die eigentliche Substanz eines beliebigen Produktes ist überhaupt nicht in diesem Produkt enthalten, sondern nur in dem dahinter stehenden Gedanken. Der Gedanke selbst wird nie geschaffen, er erhält nur symbolische Form. Der Gedanke gehört dem Denkenden und den anderen Denkern, die in der Lage sind, die symbolische Form, in der er seine Gedanken ausdrückt, zu deuten. Gedanke und Inspiration haben gar keine Dimension, sie gehören zur unbemerkten und unsichtbaren Welt. Jene Dinge, die Sie und ich herstellen, Dinge, die man sehen, fühlen, kaufen und verkaufen kann, haben überhaupt keinen Sinn, abgesehen von dem Sinn, den die Menschen ihnen verleihen können: aufgrund der Fähigkeit des

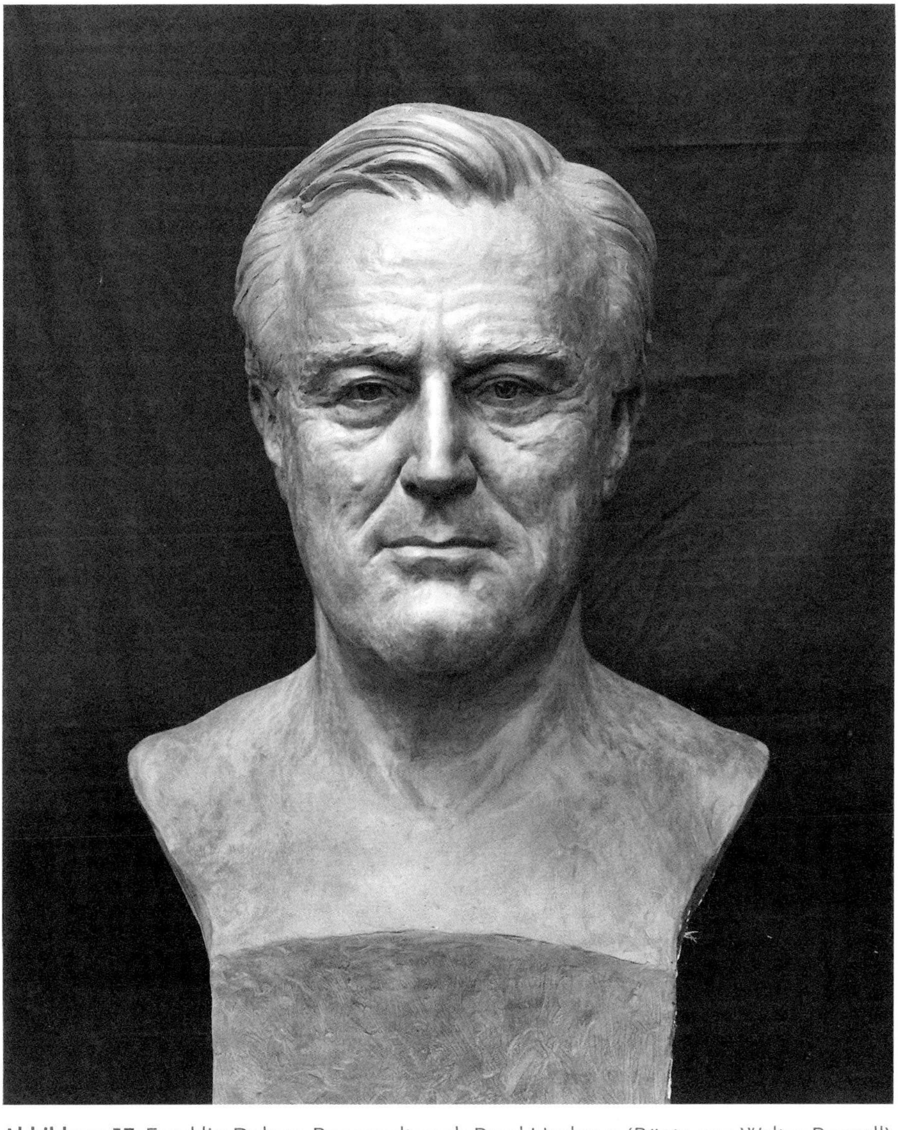

Abbildung 17: Franklin Delano Roosevelt nach Pearl Harbour (Büste von Walter Russell)

ursprünglich schöpferisch Denkenden, seine Gedanken zu anderen Menschen zu übertragen sowie durch deren Fähigkeit, das Licht eines anderen Denkenden in ihrem eigenen Bewusstsein widerzuspiegeln.

Sie sehen, wie sich dies als ein Grundprinzip auf alles im Leben anwenden lässt, ob Sie Verkäufer sind, Arzt, Künstler oder Geschäftsmann. Um zur wirklichen Substanz aller Dinge zurückzugelangen, müssen Sie daher in die Gedankenwelt zurückkehren. Solange man nicht weiß, dass die Gedankenenergie die Ursache hinter allen Dingen ist und das Produkt nur die Wirkung, ist man an die Wirkung gebunden und wird von ihr beschränkt. Man gehört zur Welt der Nachahmung und nur zu dieser. Wer so nachahmt, dessen Hervorbringungen sind papageienhaft; er richtet sich an anderen aus; er ahmt nach, ist aber nicht selbst schöpferisch. Wer dieses Prinzip hingegen wahrhaft kennt und lebt, erschafft selbst, indem er sein Wissen mit Hilfe von Gedankenwellen in Bewegung setzt zu dem Zweck, seine Vorstellungen dynamisch in Gedankenformen auszudrücken. Wer dies tut, hat erkannt, dass alles, was er jemals erschafft, nur die äußere Form der Dinge ist. Wenn diese Form dem Gleichgewicht und Rhythmus seines inspirierten Gedankens treu ist, dann ist es eine wahre Form mit wahrem Gleichgewicht und wahrem Rhythmus, und sie wird andere mit dieser Wahrheit inspirieren. Jedermann, der so denkt, weiß, dass sein Werk eine meisterhafte Schöpfung sein wird, noch bevor er damit anfängt. Und das gilt genauso für einen Geschäftsabschluss wie für eine Erfindung, ein Gemälde oder ein Denkmal!«

Walter Russell erläuterte, dass er mit dem Begriff *Gedankenenergie* die Kraft meint, die wir benutzen, um den Gedanken in einer Form aufzuzeichnen, aber die Energie ist nicht der Gedanke. Genauso bezieht sich der Begriff *Gedankenwellen* auf das Prinzip, durch das der Gedanke als Licht aufgezeichnet wird. Wiederum sind aber die Wellen nicht der Gedanke. *Der Begriff Gedankenformen* bezieht sich auf das Produkt mit den Formen, die dieses objektive Universum ausmachen. Aber wieder sind die Formen nicht der Gedanke.

»Um es allgemein zu formulieren«, erklärte Walter Russell, »kein Ausdruck von irgendetwas ist das, was er ausdrückt. Das Bühnenstück ist nicht der Dramatiker – die Farbe ist nicht das Bild, die Worte sind nicht das Gedicht, und das Gedicht ist auch nicht der Dichter. Genauso ist im umfassenderen Sinn die Schöpfung nicht der Schöpfer – die Schöpfung ist das Denken des Schöpfers, und selbst das Denken des Schöpfers ist nicht der Schöpfer – es ist nur Seine Fortsetzung, Sein Abbild, Sein Ausdruck von All-Wissen, All-Macht und All-Gegenwart.

Genauso denken wir, unser Körper sei unser wahres Selbst. Stattdessen ist er nur das Produkt unserer Vorstellungen. Unser Körper ist nur eine Maschine, die funktioniert, angetrieben durch die Gedankenwellen, die aus unserem Bewusstsein entspringen wie Meereswellen aus der ruhigen See. Diese Gedankenenergie ist in unserem Gehirn fokussiert, so wie ein Lichtfleck durch eine Linse zu einem noch strahlenderen Lichtfleck gebündelt wird, aus einem großen Umfeld auf einen Punkt versammelt, bis er stark genug ist, um zu entflammen. Sie fühlen dieses Bewusstsein oder diese universale Intelligenz des Weltraums aufgrund dieser in Ihrem Körper gebündelten Wahrnehmung, die Sie zu dem Glauben veranlasst, Ihr Körper sei Sie. Nun, dem ist nicht so. Ihr Körper ist lediglich eine Maschine, dazu gemacht, die durch Sie strömenden Gedanken zum Ausdruck zu bringen; mehr nicht. Er ist nur ein Instrument für Sie, um Ihre Vorstellungen umzusetzen, genau wie ein Klavier ein Instrument für den Musiker ist, um seine Vorstellungen auszudrücken.

So wie das Klavier nicht der Musiker ist, ist Ihr Körper nicht Sie.«

»Sie sagen«, unterbrach ich, »dass der Gedanke, der durch Sie hindurch strömt, niemals selbst erschaffen ist; der Gedanke gehört zum Universum; ist es nur die Form des Gedankens, die erschaffen wird?«

»Ja«, erwiderte er. »Ich kann auf die Antwort zurückkommen, die Rodin[65] der Sängerin Lillian Russell gab, als sie ihn fragte, ob es sehr schwierig sei zu lernen, ein bedeutender Bildhauer zu sein. ›Nein, Madam‹, erwiderte er, ›es ist nicht schwierig. Es ist ganz einfach. Sie müssen nur einen Marmorblock kaufen und alles wegschlagen, was Sie nicht haben wollen.‹«

»Aber wie schlägt man den Marmor weg, der nicht dorthin gehört? Wie übersetzt man den ewigen Gedanken in seine äußere Form?«

»Das geschieht durch fünf Dinge: Demut, Verehrung, Inspiration, tiefe Hingabe und Freude.«

1. Demut

»Kein bedeutender Mensch hat jemals seinen Weg zur Größe mit klugen Sprüchen gefunden. Bevor man nicht lernt, sich selbst zu verlieren, kann man sich nicht finden. Niemand kann sich aus sich selbst heraus vervielfachen. Man muss sich erst teilen, sich dem Dienst für alle hingeben und sich so selbst durch Handlungen der Nachdenklichkeit und des Dienstes in alle anderen hineinversetzen.

Das persönliche Ego muss ausgelöscht und durch das *Universale Ego* ersetzt werden. Man darf nicht der Teil sein, man muss das Ganze sein. Das *Ich* muss vergessen werden. Auch ich hatte ein persönliches Ego. Alle Menschen haben es, und alle durchlaufen dieses Stadium.

Einst dachte ich, Größe wäre das einzig Lohnende, aber als ich sie zu einem gewissen Ausmaß erlangt hatte, stellte ich fest, dass ich damit nicht zufrieden war. Denn es gab darüber hinaus noch etwas so viel Höheres, dass alle Bekanntheit und aller Ruhm mich beschämten, anstatt mich mit Stolz zu erfüllen. Ich fühlte, dass ich noch ganz am Anfang stand. Schon früh im Leben stellte ich fest, dass man, um Größe zu erlangen, nur ein winziges Stück über das Mittelmaß hinausgehen muss, aber dieses winzige Stück ist so schwer zu gehen, dass nur die es bewältigen, die sich Gottes in sich bewusst werden, denn niemand kann dieses winzige Stück allein gehen.

Als ich an den Punkt gelangte, wo ich öffentlichen Beifall erhielt, fühlte ich mich so klein wie noch nie, denn tief innen spürte ich, dass ich gerade erst begonnen hatte, meine inneren Kraftquellen anzuzapfen. Ich wusste, dass ich dieses winzige Stück, das mich zu einem würdigen Boten machen würde, noch nicht hinter mir hatte.«

2. Verehrung

»Niemand kann einen Verkauf tätigen, ein Buch schreiben oder etwas erfinden, ohne zuerst jene tiefe Ehrerbietung zu empfinden, die ihn wissen und fühlen lässt, dass er nur ein Übersetzer der Gedankenwelt ist, jemand, der ein wie auch immer geartetes Produkt erschafft, damit es einem Zweck diene. Wenn Sie immer auf das sichtbare Produkt schauen, blicken Sie lediglich auf die Auswirkungen der Ursache. Wenn Sie ehrfurchtsvoll nach innen schauen auf Ihr inneres Selbst, werden Sie überrascht sein, was Sie dort finden. Wenn Sie lange genug allein sind, um mit sich selbst wirklich gut bekannt zu werden, werden Sie das Raunen der universalen Quelle allen Bewusstseins vernehmen, die Sie inspiriert. Das sind wirkliche Botschaften und Offenbarungen, die Sie belehren, leiten und Ihnen den Weg zur Quelle der Gedankenwelt zeigen; und mit großer Ehrerbietung werden Sie von jener Quelle nach außen treten, durch die Gedankenwelt in die Welt dessen, was wir als Schöpfung bezeichnen, um mit Ihren Übersetzungen die Bilder herzustellen, die Ihr Bewusstsein bevölkern, welches Sie nicht sehen. Sie werden bald feststellen, dass Sie die kosmischen Kräfte benutzen, die Sie ebenfalls nicht sehen können, anstatt blindlings im Dunkeln zu arbeiten.

Ich habe gelernt, die Schwelle zu meinem Atelier mit Ehrerbietung zu überschreiten, als würde ich ein mir vorbehaltenes Heiligtum betreten, um mit dem universalen Denker aller Dinge gemeinsam schöpferisch tätig zu werden.

Wenn ich mein Atelier betrete, sage ich mir nicht: ›Ich bin ein Bildhauer, also sollte ich in der Lage sein, das hinzukriegen.‹ Stattdessen sage ich: ›Ich bin ein Übersetzer, der diese Sache in mir, die es wert ist, getan zu werden, denken kann.‹ Wenn ich dieses Gefühl bekomme, diesen Rhythmus, diese Melodik, dieses Maß, das als Inspiration zu mir kommt, weiß ich, dass ich es erschaffen kann, und niemand auf der Welt kann es mir ausreden.«

3. Inspiration

»Inspiration kommt nur zu Ihnen, wenn Sie mit Demut gegenüber Ihren eigenen Leistungen und Verehrung für die Leistungen Gottes danach suchen. Mit Liebe zu Ihrer Arbeit, Liebe zum Leben und Ehrerbietung für die universale Kraft, die Ihnen unbegrenzte Macht gibt, wenn Sie nur darum bitten, können Sie alles auf der Welt erreichen, was Sie wollen. Blitze der Inspiration kommen nur zu jenen, die sich an das Universum anschließen und durch diese Vereinigung im Einklang mit dessen Rhythmen schwingen. Inspiration und Intuition bilden die Sprache des Lichtes, durch die Menschen und Gott miteinander in Verbindung stehen. Das Universum erweist den wenigen, die es als seine Übersetzer auswählt, keine Gefälligkeiten. Es ist genau umgekehrt. Das Universum gibt denjenigen, die fragen, ohne Bevorzugung. Was Ihnen Zugang zu diesem Strom der Inspiration gibt, ist allein Ihr Wunsch. Edison wünschte sich zutiefst, zu erfahren, wie er seine Idee, die uns das elektrische Licht gab, verwirklichen könne. Abgeschlossen in seinem inneren Tempel erhielt er die Informationen portionsweise in Blitzen, die seine Bitte nach und nach beantworteten.

Bittet, und Ihr werdet empfangen. Sie selbst müssen die Fragen stellen. In meiner Philosophie heißt es an einer Stelle: *Mittelmaß ist selbst gewählt. Genie ist selbst errungen.*

Ich bin oft gefragt worden, ob ich nicht genauer angeben könne, wie dieser Funke des inneren Feuers zu pflegen ist, welches den Weg zum eigenen Selbst erleuchtet. Das kann ich nicht. Ich kann nur den Weg weisen und von seiner Existenz berichten. Dann müssen Sie ihn für sich selbst finden. Sie können ihn nur finden, indem Sie immer wieder ausreichend lange mit Ihrem Selbst allein sind und so jener inneren Stimme in sich die Chance geben, Ihnen auf unverwechselbare Weise zuzurufen: *Hier bin ich in dir.* Das ist die unhörbare Stimme der Natur, die zu jedem spricht, der bereit ist zu lauschen.

Schließen Sie sich in Ihrem Zimmer ein oder gehen Sie hinaus in die Wälder, wo Sie allein sein können. Wenn Sie allein sind, spricht das Universum in Blitzen der Inspiration zu Ihnen. Sie werden feststellen, dass Sie plötzlich Dinge wissen, die Sie noch nie gewusst haben. Alles Wissen existiert im Gott-Bewusstsein und wird durch intensives Wünschen in unser elektrisches Universum des schöpferischen Ausdrucks hinein erweitert. Alles Wissen gehört Ihnen, wenn Sie nur fragen. Sie müssen sich nur anschließen. Sie müssen in Wirklichkeit überhaupt nichts lernen, sondern sich nur daran erinnern oder es wiedererkennen, denn es ist bereits Ihr Erbteil.«

In seinem inspirierten Werk *Die Botschaft der Göttlichen Iliade* kleidet Walter Russell dieses Prinzip in folgende Worte:

Die Morgendämmerung erzählt
vom Kommen des neuen Tages.
Ich wende meine Augen gen Morgen und reinige mich
in der Reinheit der Dämmerung.
Meine Seele erquickt sich
an der Schönheit der Dämmerung.
Heute ist, und wird sein.
Gestern war, und ist gewesen.
Mein Gestern ist, wozu ich es gemacht habe.
Ich sehe es in der Erinnerung,
vollkommen oder unvollkommen.
Mein Heute ist, wozu ich es machen will.
Ich will es vollkommen machen.
Ich bin ein Mensch.
Ich habe das freie Recht zu wählen.

Ich kann handeln, wie ich will.
Ich habe die Macht, den Tag zu gestalten
oder den Tag zu zerreißen.
Der Tag wird ein von mir erschaffener sein,
vollkommen oder unvollkommen,
gut oder schlecht, je nachdem ich wähle,
ihn im Geist oder im Fleisch,
auf dem Gipfel oder im Tal zu leben.
Der Tag unterliegt meiner Wahl. Niemand wird
meine Hand hindern beim Erschaffen des Tages.
Wenn ich den Tag zerreiße, gestalte ich
zehn andere Tage, vielleicht zehn mal zehn,
um die Zerrissenheit auszugleichen.
Das Universale Eine, das ich bin,
wird nicht zulassen, dass dieser Tag nicht
zu Seinem Ruhm gelebt wird
oder nicht zur Erfüllung Seines Befehles
oder Seiner Zwecke.
Wenn ich den Tag gestalte, werde ich den Tag
zum Ruhme des All-Einen gelebt haben,
indem ich jenen Teil seines Zweckes erfüllt habe,
der mein ist, dass ich ihn erfülle.
So will ich in meine Seele blicken, während der Tag
erst dämmert und bevor der Morgen anbricht,
auf dass ich dem Tag mit Wissen
begegnen möge, um den Tag zu gestalten.

Dies sind die Worte, mit denen ich den Tag grüße.
Dies sind Morgenworte.
Dies ist der Geist der Morgendämmerung.
Dies ist der Gedanke, mit dem ich
dem Tag begegnen kann, der sich auf mich herabsenkt
und nicht abgewendet werden kann. Wer bin ich?
Ich allein bin nicht ich.

Du, Mein Vater, bist ich.
Ich bin von Dir, Mein Schöpfer, begünstigt.
Ich gehöre zum Inneren Geist.
Ich kenne die Ekstase und Verklärung des Genies.
Alle Kraft ist mein.
Ich weiß um meine Allmacht.
Ich habe alles Wissen.
Ich weiß um meine Allwissenheit.
Das Universum ist mir ein offenes Buch.
Ich brauche nicht zu lernen, ich weiß.
Ich sehe das Unsichtbare vom Gipfel aus.
Ich höre die Sphärenmusik.
Ich kenne die transzendente Freude der Schöpfung.
Ich weiß um meine Universalität.
Ich bin das Licht des Universalen Denkens.
Ich übersetze die Sprache des Lichtes
in Menschenworte für jene,
die um ihre Universalität nicht wissen.
Mein ist die Unsterblichkeit.
Ich werde Unsterblichkeit erringen.
Ich werde Unsterblichkeit spenden.
Mein ist die Kraft, Unsterblichkeit zu geben.
Ich enthalte jenen, die im Dunkeln wandeln
und das Licht ergreifen wollen,
nicht vor, was Unsterblichkeit gibt.
Ich reiche mit meiner Hand in die Dunkelheit
und führe jeden, der darum bittet, ins Licht.
Ich halte meinen Körper energiegeladen,
um im Einklang mit dem, was von mir gefordert wird,
meine Ziele zu erreichen. Ich kenne meinen Körper,
ich habe äonenlange Erinnerung
an das Erbauen meines Körpers.
Die Kraft des dynamischen Universums
steht hinter meinem Denken.

Ich habe die Kraft, meinen Körper
selbst zu beleben und zu revitalisieren,
um seine Leistungskraft bei der Erfüllung dessen,
was von mir verlangt wird, zu vervielfachen.
Ich habe die Kraft, andere neu zu beleben,
die ich zum Glauben gebracht habe.
Dem, der glaubt, werde ich die Kraft geben,
das Seine zu tun,
zum Ruhme des Menschen und zum Ruhme des Einen.
Ich stehe an den Elektroden dieses Universums aus
Energie. Ich verfüge über Kraft,
die ich einfach weitergeben kann.
Ich verweigere diese Kraft keinem Menschen,
der die Kraft erbittet, von der ich geben kann.
Ich habe keine Begrenzungen.
Innerhalb der universalen Grenzen steht mir
grenzenlose Kraft zur Verfügung.
Ich tue heute das, was von heute ist,
und verschwende weder Gedanken an morgen
noch Reue an das, was gestern war.
Mein Tag ist bis zum Überfließen erfüllt,
aber weder hetze ich,
noch vertue ich den Tag.
Die Dinge, die ich tun muss, tue ich mit Freude.
Wenn mir untergeordnete Aufgaben zufallen,
verkläre ich sie und mache eine Kunst daraus,
sie zu erledigen.
Niederlagen kenne ich nicht. Sie berühren mich nicht.
Ich begegne ihnen mit wahrem Denken.
Ihnen zu widerstehen stärkt mich.
Aber wenn es sich ergibt,
dass der Tag mir den bitteren Kelch reicht,
wird sich der Trank im Trinken versüßen.
Zuvorkommenheit ist in meinem Herzen,

um allen zu geben.
Meine Freude liegt im Dienen.
Meine Macht liegt im wahren Denken.
Meine Kraft liegt im Wissen.
Meine Kraft liegt in der Demut.
Die Blässe der Arroganz ist nicht mein Teil.
Das, was ich bin, halte ich tief im Schatten
des wunderschönen Tempels der Bescheidenheit,
aber meine Werke sende ich
für alle sichtbar aus in das Licht.
Daher müssen meine Werke wahrhaftig sein.
Der Gewalt begegne ich mit Sanftmut,
der Ungeduld mit Geduld.
Die Wahrheit lenkt meine Schritte
über unwegsame Pfade
und führt mich am goldenen Abend dieses Tages
zur Verklärung.
Ich sehe in allen Dingen Schönheit und Güte.
Gegen alles, was unschön ist, ist mein Blick gefeit.
Gott weilt in mir.
Alles, was Gott zu geben hat, gibt Er mir.
Er hält nichts zurück.
Gesegnet sei der neue Tag,
der sich auf mich herabsenkt.
Ich grüße dich, oh Tag.
Ich überschreite deine Schwelle
mit Freude und Dankbarkeit.
Meine Augen sind gen Himmel gerichtet,
da ich in deinen Heiligen Tempel eintrete.
Ich singe den Tag über ein fröhliches Lied,
dann sind die Probleme des Tages
wie Spreu vor dem Wind.
Mögen andere auf mein Lied hören
und sich daran erquicken.

Meine Miene soll den Geist in mir widerspiegeln,
auf dass alle ihn sehen mögen.
Senke dich auf mich herab,
oh gesegneter Tag der Gelegenheit.
Du wirst mich nicht nachlässig finden.

Abbildung 18: Das Denkmal für Mark Twain (Skulptur von Walter Russell)

MEMORIAL – WALTER RUSSELL Sc.

»Glauben Sie«, fuhr Walter Russell fort, »dass die Zivilisation aufgrund dessen voranschreitet, was in Büchern niedergeschrieben ist? Alles, was in Büchern steht, gelangte erst dorthin, nachdem ein Mensch es gedacht hat. Der Mensch musste den Gedanken zunächst aus dem All entnehmen oder sich daran erinnern anhand der elektrischen Muster dieses Gedankens, auf die er sich eingestimmt hatte. Das Buch ist nur eine Aufzeichnung dessen, was bereits geschehen ist. Es ist nur Geschichte, um andere durch die Information auf den neuesten Stand zu bringen. Es ist nur ein Mittel der Gedankenübertragung und kein schöpferischer Prozess, bevor Sie es nicht durch Ihre innere Transformation dazu gemacht haben.

Wenn ich von Meditation und Einswerden mit Gott und der Zwiesprache mit Ihm spreche, meine ich nicht, dass man einfach in andächtiger Haltung stillsitzt, trotzdem getrennt und fern von Gott, und einen Glauben und die Überzeugungen von anderen übernimmt. Sondern wir werden wirklich EINS mit Ihm, wir wünschen mit Ihm als Mit-Schöpfer aller Dinge, wir wünschen ohne Worte, wir wünschen dynamisch, nicht mit blindem Glauben, sondern mit Wissen. Dann wird die Erfüllung diesem intensiven Wünschen so sicher folgen, wie ein Baum gemäß der Ordnung im Funktionieren der Gesetze als Ergebnis des Wunsches in seinem Samen Frucht trägt.

Ich glaube, dass jeder Mensch – unabhängig von seiner äußeren Stellung – Gott manifestiert und Sein Botschafter ist. Daher sollte jeder Mensch sich dieses Botendienstes würdig erweisen, indem er seine Quelle nach allerbestem Vermögen manifestiert, ob als Fahrstuhlführer oder Vorstandsvorsitzender.

Ich glaube, dass jeder Mensch seine eigenen Fähigkeiten vervielfachen kann, indem er die Einheit mit seiner Quelle unablässig wortlos *realisiert.* Ich selbst habe dieses Gefühl so sehr zu einem Teil meiner selbst gemacht, dass ich mich tatsächlich als Erweiterung der Quelle empfinde, so dass meine Werke nicht meine eigenen sind, sondern Übersetzungen dieser Quelle. Ich glaube, dass uns ein derart ständiges Gewahrsein durch Inspiration so erhebt, dass wir auf diese Weise von den tausenderlei Zerstreuungen, die uns vom eigenen Lebensplan ablenken, abgeschirmt sind. Das schützt uns vor banalen Versuchungen, Krankheiten und jenen menschlichen Widrigkeiten, wie sie jene ständig heimsuchen, die nicht in dieser Weise eins sind mit Gott.

Ich glaube, dass ein solches ständiges Gewahrsein den Menschen unweigerlich adelt. Die Gestalt wird größer, der Schritt elastischer, die Ausstrahlung kraftvoller;

und andere Menschen sehen jenes gewisse Licht in den Augen eines solchen Menschen, und es zieht sie zu ihm hin.

Wenn das Selbst des Menschen in dieser Art mit Gott geht und spricht, steigen wir, so glaube ich, allmählich empor zu den großartigen Höhen und Wünschen unserer Pläne, genau wie der Baum aus seinem Samen emporwächst, denn Baum wie Mensch arbeiten dann *mit* dem Gesetz, und umgekehrt arbeitet das Gesetz mit ihnen.

Ich glaube, dass es nur *Einen Denkenden* im Universum gibt; mein Denken ist Sein Denken, und das Denken jedes Menschen ist – durch Gott – eine Fortsetzung vom Denken jedes anderen Menschen. Ich bin daher sicher, dass die Ebene, auf der sich das Denken aller Menschen abspielt, umso höher ist, je größer die Erhebung und Ekstase in meinem Denken ist. Jeder Mensch hat die Macht, alle Menschen zu erheben, so wie jeder einzelne Wassertropfen den gesamten Meeresspiegel anhebt.

Eine Veranschaulichung dessen, was ich meine, findet sich vielleicht im Denken großer Komponisten, Schriftsteller und Künstler, die durch die Ausweitung ihres Denkens in das Bewusstsein anderer hinein ebenfalls die gesamte Zivilisation auf ein höheres kulturelles Niveau heben.

Die Zivilisation insgesamt hat sich auf diese Weise aus ihrem Urwald erhoben, und jeder Mensch – selbst der Geringste – ist mit dafür verantwortlich, zu welchen Höhen sie sich noch aufschwingen wird.«

4. Tiefe Hingabe

»Und was bewirkt diese innere Verwandlung? Eine tiefe und echte Hingabe. Wie ich bereits feststellte, haben erfolgreiche Menschen aller Zeitalter gelernt, sich zu vervielfachen, indem sie Gedankenenergie zu einem hohen Potential ansammelten und diese in Richtung auf das beabsichtige Ziel einsetzten. Als Beispiel will ich das Ansammeln des Schießpulvers hinter dem Geschoss nennen. Die Ladung hinter dem Geschoss kann entweder für den beabsichtigten Zweck verwendet werden oder sich nutzlos zerstreuen. Der weise Jäger sieht darauf, dass es mit jedem Element, das zum Erfolg seiner Jagd beiträgt, seine Richtigkeit hat. Er hat tagelang konzentrierte Gedanken und Vorbereitungen auf jede Einzelheit gerichtet, von der sein Erfolg abhängt. Sie müssen Ihre Energie in der gleichen Weise bündeln, sie bewahren und vor der Ablenkung in eine andere Richtung als die auf Ihr Ziel hin schützen.

Energie – welcher Art auch immer – wird nicht nützlich, solange kein Plan dahinter steht. Sie können aus konzentrierter Energie erst dann schöpferische Kraft beziehen – indem Sie diese Energie wieder in den statischen Zustand zurückgehen lassen, aus dem sie Ihnen geliehen wurde –, wenn Sie einen Plan für ihre Verwendung haben. Denken ist ein dynamischer Bewegungszustand, der im formlosen Universum des Alls Muster, Formen und Bilder empfängt. Wir erschaffen, indem wir Muster oder Ideen denken, die wir *Eingebungen* nennen. Dann konzentrieren wir unsere dynamische Gedankenenergie darauf, diese Formen zu materialisieren.

Sie können ein großer Schöpfer werden oder ein kleiner, je nachdem, ob die Intensität Ihres Wünschens groß oder klein ist. Wenn der Ingenieur mehr Energie aus der unbegrenzten universalen Versorgung zu entnehmen wünscht, benutzt er einen stärkeren Draht, der mehr Strom transportiert. Dann kann er seine Kraft vervielfachen, indem er seiner Spule mehr Windungen hinzufügt, bis er tonnenschwere Lasten heben oder Stahl schmelzen kann. Dies wird möglich am Brennpunkt der Hochspannung, die er aus einem großen Umfeld entliehen hat, indem er die Oberfläche mit jeder Windung in der Spule vervielfacht hat. Wenn der Elektroingenieur so die Kraft vervielfacht, indem er eine Magnetspule baut, um Kraft im Zentrum zu konzentrieren, tut er genau dasselbe wie der geniale Denker, der seine Gedankenkraft ähnlich auf das statische Zentrum seines Bewusstseins konzentriert, um sie zu vervielfachen.

Dieses elektrische Universum setzt der Kraftvervielfachung eines jeden Menschen keinerlei Grenzen. Jeder Mensch setzt seine Grenzen selbst, im Einklang mit seinem eigenen Begehren. Er kann ein dünner Draht sein, der wenig Energie sammelt und einen schwachen Strom transportiert, oder er kann eine leistungsstarke Leitung sein. Das gilt für jede Energie, die wir aus dem Universum entleihen. Sie ist in unbegrenzter Menge vorhanden, aber welchen Leitungsquerschnitt der Draht hat, den ein jeder von uns darstellt, bestimmen wir selbst.«

5. Freude

»Es wird Sie überraschen, wenn ich Ihnen sage, dass das ausgleichende Prinzip der Balance, das Sie mit neuer Gedankenenergie auflädt, nachdem Sie in einer schöpferischen Arbeit alles gegeben haben, in den ganz schlichten Bewusstseinsqualitäten liegt, die wir als Freude, Glück, Begeisterung, Inspiration, Intuition, Anregung und mit dem Superlativ all dieser Begriffe bezeichnen: Ekstase. Denken Sie darüber nach, wie einfach die Freude über eine Errungenschaft uns wieder mit einer ausgleichenden Energie für das nächste Ziel auflädt. Wenn Sie Ihre Arbeit nicht als Freude oder Glück empfinden, sondern als Plackerei, werden Sie aufgrund der schwächenden Energieentladung, die Ihrer Leistung zugrunde liegt, ermüden, und zwar aus einem Grund, den ich Ihnen später erläutern werde. Im Laufe der Jahre erschöpft sich Ihr Geist durch den ständigen, schwächenden Energieentzug, und der Körper altert vorzeitig. Wenn die Lebensphase beginnt, die der Anfang zu einer größeren Vitalität sein sollte, sind Sie bereits zu einer wandelnden Leiche geworden. Das ist völlig absurd, denn es ist lediglich die Folge der Unkenntnis des Menschen in Bezug auf sich selbst und seine Beziehung zu diesem elektrischen Universum der unbegrenzten Energie, die ihm zu Gebote steht.

Je größer die Freude in unserem Bewusstsein ist, desto größer ist die Kraft, mit der sich die Gedankenenergie in uns neu auflädt; und darum habe ich meine Sammlung von Begriffen mit dem Wort Ekstase gekrönt. Der ekstatische Mensch hat am meisten Dynamik, er ist am stillsten und braucht sich nicht hervorzutun.

Mit ekstatisch meine ich jenen seltenen Zustand, der einen inspirierten Menschen so äußerst glücklich in seiner mentalen Konzentration macht, dass er alles in seiner Umgebung, was nicht mit seinem Ziel zu tun hat, praktisch nicht wahrnimmt, jedoch alles scharf und lebendig aufnimmt, was sein Vorhaben betrifft.

Die bedeutenden Komponisten, Bildhauer, Maler, Erfinder und Visionäre aller Zeiten befanden sich während ihrer intensiven Schaffensphasen in einem derart ekstatischen Zustand, dass die Millionen belanglosen Nebensächlichkeiten, die unsere Energie kurzschließen und die Zeit der meisten Menschen vergeuden, nie Gelegenheit fanden, bis zu ihrem Bewusstsein vorzudringen. Zwischen diesem hohen Geisteszustand der Ekstase bis hinab zum einfachen Zustand dessen, was wir schlicht als Glück oder Begeisterung bezeichnen, können Sie einen Druckmesser für Gedankenkraft definieren, an dem das Steigen oder Fallen dieses Drucks sichtbar wird.

Mit Ekstase meine ich innere Freudigkeit, und mit innerer Freudigkeit meine ich jene inspirierenden Feuer, die im Bewusstsein großer Genies brennen und ihnen eine sonst unerreichbare Lebendigkeit des Geistes verleihen, alle Widerstände überwindend wie Weizen, der sich im Wind wiegt.

Wer diese ruhige, unaufdringliche Ekstase innerer Freudigkeit pflegt, kann alle Höhen ermessen und auf seinem Gebiet führend sein, was es auch sei. Wer sie nie findet, muss sich damit begnügen, in den Fußstapfen derjenigen, die sie besitzen, nachzufolgen, und verdammt sich so selbst zu einem Schattendasein. Mit innerer Freudigkeit meine ich nicht die sichtbare, oberflächliche Freude des ständig gutgelaunten Zeitgenossen mit seinem fröhlichen Grinsen und Gebaren. Ich meine die fast verborgene Freudigkeit tief glimmender Feuer, die keinen dramatischen Ausdruck brauchen, sondern deren Existenz sich im Werk zeigt. Diese Freudigkeit ist das ruhige, unsichtbare Sieden im inspirierten Geist großer Denker. Ein solcher sitzt vielleicht still in seinem Zimmer, allein mit sich und dem Universum, oder auch in der Gesellschaft anderer Menschen. Es gibt keine oberflächlich auffälligen Anzeichen für die Ekstase, die großen Denkern vorbehalten ist. Es hat überhaupt nichts Dramatisches damit auf sich, aber im Auge des inspirierten Menschen leuchtet ein subtiles Licht, oder eine noch subtilere ruhige Ausstrahlung umgibt den inspirierten Denker und sagt Ihnen, dass Sie sich in der Gegenwart eines Menschen befinden, der die Kluft zwischen der irdischen und der geistigen Welt überbrückt hat.

Die Menschen, die so glücklich sind, derartige Feuer der Erleuchtung in sich zu nähren, geben uns eine neue Art der Zivilisation, wie Edison, Faraday oder Goodyear; sie machen unhörbare Rhythmen hörbar, wie Mozart, Beethoven, Chopin oder Tschaikowsky; sie übertragen ihre innere Ekstase in erkennbare Formen und Symbole wie Angelo, Rodin oder Rembrandt; sie verwandeln rohe Formen in kristalline Musik wie Cass Gilbert, John Russell Pope[66] oder André Fouilhoux[67]; oder sie geben ihrem schöpferischen Denken in industriellen Entwicklungen Ausdruck, die unsere Welt verändern, wie Paul Litchfield[68], Thomas Watson oder Henry Ford.

Diese Art Freude meine ich. Nur wenige Menschen wissen von ihr, und kaum jemand erlebt sie, denn diese Freude kommt nur zu den großen Denkern.

Zu denjenigen, die diese innere Freudigkeit finden, die aus dem Wunder der Entdeckung des eigenen Selbst in jedem Menschen stammt, gelangt auch etwas, das größer ist als Erfolg. Zu ihnen kommt das triumphierende Leben. Lassen sie mich definieren, was ich damit meine.

Der erfolgreiche Mensch ist der, von dem man glaubt, er habe sein Leben zu einem Erfolg gemacht, gemessen an modernen Standards; dazu gehören die Anhäufung von Geld, Besitz und ein ehrsamer Platz in der Welt der Verdienste und finanziellen Erfolge. Mit anderen Worten: Als erfolgreich gilt im Allgemeinen derjenige, der Werte anhäuft, die an der Börse etwas gelten. Aber es gibt etwas, das großartiger ist als all das; es gibt das triumphierende Leben, das alle materiellen Erfolge übersteigt. Das triumphierende Leben ist das Leben, bei dem ein Mensch der Welt weit mehr an kreativem Ausdruck gibt, als er anhand der Schöpfungen anderer von ihr entnimmt.

Und der höchste Ehrgeiz eines jeden sollte darin liegen, zu dieser Sorte Menschen zu gehören. Würde dieser Wunsch im Herzen jedes Menschen wohnen, gäbe es keine Gier oder selbstsüchtige Unausgewogenheit, es gäbe keine Ausbeutung anderer Menschen, keinen Hass, keine Kriege und keine Angst vor Kriegen.

Die Einprägung dieses Wunsches in das Denken der neuen Zeit wird ein neues Menschengeschlecht hervorbringen. Sie zeigt die nächste Etappe auf der Reise des Menschen aus seinem anfänglichen Urwald an, bis er sich des Lichtes Gottes vollständig bewusst wird. Dieses Gewahrsein erwartet auf dem Gipfel am Ende der Reise die gesamte Menschheit.«

Kapitel Sechs – das Atelier Walter Russells

Bevor ich ging, warf ich einen letzten Blick auf die Skulpturen in Walter Russells Atelier. Sie repräsentieren für mich die Saga Amerikas! Russells Leben ist nicht nur ein Ausdruck und eine Veranschaulichung der ewigen Gesetze, nach denen alle bedeutenden Menschen leben, sondern die künstlerischen und wissenschaftlichen Werke aus seiner Hand öffnen ein Fenster zum Herzzentrum des amerikanischen Lebens selbst. Die Büsten in seinem Atelier repräsentieren die Schlüsselgestalten, die das Geschick Amerikas in den letzten hundert Jahren geformt haben.

Mark Twain schuf mit seiner Mississippi-Trilogie das treffendste Gemälde vom zutiefst amerikanischen Leben jener Zeit, das es gibt. Die siebenundzwanzig Gestalten seines Buches, die sich in Russells Mark-Twain-Denkmal um ihn scharen, umfassen nahezu jeden der Charaktertypen, die Amerika zu dem gemacht haben, was es heute ist. Sie bilden, was man die *Graswurzeln* der Nation nennen könnte.

Und wer bereitete mehr den Weg in dieses moderne mechanische Zeitalter als Thomas Edison, dessen Büste die erste von Walter Russells langer Reihe berühmter Meisterwerke bildet! Zwei Generationen lang marschierten die Füße ganz Amerikas nach den Klängen von John Philip Sousa, während Menschen aller gesellschaftlichen Schichten in die Konzerthallen strömten, um die Operetten von Victor Herbert zu hören. Sir Thomas Lipton verschiffte Tee in die ganze Welt und blieb gleichzeitig ständig in den Schlagzeilen mit dem Drama seiner Anstrengungen im internationalen Sport. Seine unermüdlichen Bemühungen um die Trophäen der großen Segelregatten, die stets mit einer Niederlage endeten, brachten ihm die Titel »bester Sportsmann« und »bester Verlierer« in der Geschichte der internationalen Wettkämpfe ein.

Die Büste von Dan Beard im Alter von zweiundneunzig Jahren spricht zu mir von seiner Pfadfinderbewegung. Der durch eine Radierung vertretene Kardinal Gibbons war eine ganze Generation lang der Sprecher für alle Katholiken unserer Nation. Hudson Maxim, Waffenerfinder und Anwalt des Friedens, läutete wissentlich oder unwissentlich dieses letzte halbe Jahrhundert der Kriege mit ein.

Abbildung 19: Lao Russell, ca. 1955 (Gemälde von Walter Russell)

Charles Goodyear, dessen Vulkanisierung von Gummi das Automobil möglich gemacht hat, brachte eine ganze Generation auf luftgepolsterten Rädern in Fahrt. Thomas J. Watson hält einen ebenso wichtigen Platz inne, weil er zu denen gehört, die unsere neue Auffassung von der Anwendung geistiger Gesetze in der Geschäftswelt in die Wege leiteten. Und Colin Kelly, der erste Held, der starb, um ein neues Zeitalter der Freiheit zu eröffnen.

Schließlich die beiden Roosevelts, Theodore und Franklin. Sie stehen für den Beginn und das Ende der großartigsten Phase in der Geschichte der Vereinigten Staaten, das Alpha und Omega jener Zeit, die uns in eine Rolle als Weltführungsmacht brachte, wie kaum eine Nation sie je gekannt hat.

Zweimal war Walter Russell zu Gast im Weißen Haus, beim ersten Mal als offizieller Maler, beim zweiten Mal als offizieller Bildhauer. Beim ersten Mal lud Theodore Roosevelt ihn ein, Porträts von seinen Kindern zu malen. Beim zweiten Mal saß Franklin D. Roosevelt selbst für eine Büste Modell. Beide Familien erwiesen sich als sehr höflich und zuvorkommend, und während dieser Sitzungen hatte er die selbst für Politiker und Diplomaten des inneren Zirkels seltene Gelegenheit, einen Blick in die Seele dieser beiden Männer zu werfen, die das Staatsschiff durch die bedeutsamsten Krisen seiner Geschichte navigierten.

Und schließlich das Denkmal für die Vier Freiheiten! Während die anderen Gestalten unsere Aufmerksamkeit auf die sich dem Ende zuneigenden hundert Jahre lenken, weist diese Gruppe auf die hundert Jahre, die uns aus der Zukunft entgegenkommen. Irgendetwas an diesen Figuren raubt mir immer wieder den Atem. Allein ihre Anordnung beispielsweise. Bei den *Camps Farthest Out* gibt es immer gegen Ende jeder Konferenz eine Versammlung, die den Höhepunkt bildet und bei der sich, auf einem hohen Hügel oder an einem schönen See, zwei- bis dreihundert Menschen versammeln und Liebe in die ganze Welt senden. Ein allegorisches Symbol, das bei diesen Camps sehr häufig benutzt wird, ist die Auswahl von vier besonders selbstlosen, hingebungsvollen Persönlichkeiten, die im Zentrum des großen Kreises von Menschen stehen, mit erhobenen Armen in die vier Himmelsrichtungen blicken und so als Sendeantennen dienen, durch welche die Liebe Gottes die Welt segnen kann. In solch einer besonderen Stunde ist keine einzelne Kunstrichtung angemessen, um der Macht, von der wir wünschen, dass Gott sie durch uns manifestiert, Ausdruck zu verleihen. Kein Meisterwerk der Malerei, Dichtkunst, Bildhauerei, Architektur, Musik, des Schauspiels oder Tanzes ist in einem solchen Augenblick geeignet. In diesen vier lebenden Gestalten haben wir eine Mischung aller Künste, etwas Größeres als Malerei, etwas Größeres als Bildhauerei, etwas Größeres als Dichtkunst und etwas Größeres als Schauspiel – die vollständige Weihung hunderter hingebungsvoller Menschen, die sich mit Körper, Geist und Seele als göttliche Kanäle zur Verfügung stellen. Durch die Vier in der Mitte und durch den größeren Kreis um sie herum rufen wir die Freiheit, die Liebe und den Frieden Gottes an, auszuströmen und die Welt zu segnen.

Als ich vor dem Denkmal für die Vier Freiheiten saß, wurde ich von Staunen und Freude überwältigt, während ich die vier Gestalten betrachtete, zwei Männer und zwei Frauen, die mit schützend erhobenen Armen in die vier Himmelsrichtungen blickten und Freiheit in die ganze Welt sandten. Ich sah innerlich die gesamte Nation in einem riesigen Kreis um sie versammelt, alle sich in den Worten vereinend, die bei der offiziellen Einweihung des Denkmals gesprochen worden sind:

»Hiermit erkläre ich dieses Denkmal der Vier Freiheiten zu unserem Symbol der Freiheit für die Welt und weihe es zur Ehrung derjenigen, die ihr Leben für die Freiheit gegeben haben, und unserer Streitkräfte. Möge es ihnen nun eine Inspiration sein und einen bleibenden Beitrag zu ihrem Sieg leisten. Mögen die schützenden Flügel dieser Engel über ihnen allen schweben, sie behüten und bewahren und die Welt zu dauerhafter Einheit und in Frieden wieder vereinen. *Gott segne Sie alle.*«

Das Vorwort zum Schluss

Nun, da Sie dieses Buch zu Ende gelesen haben, sollten Sie von vorn anfangen und es noch einmal lesen. Niemand kann in eine vollständig neue Dimension des Denkens eintreten und auf Anhieb alles aufnehmen. Kein anderes Buch wird Sie reicher für nochmaliges Lesen belohnen als dieses. Um Sie daran erinnern zu können, habe ich das Vorwort an den Schluss gestellt.

»Aber das Vorwort gehört an den Buchanfang«, sagten mir jene, die das Manuskript lasen. »Man kann so unbekannte Vorstellungen nicht auf das gedankenlose und unwissende Massenbewusstsein derer loslassen, die nie gehört haben, dass ein Mensch solche Dinge erleben kann. Es könnte ihnen abgehoben erscheinen. Nützlich wäre eine kurze Erläuterung zu Anfang, dass dieses Wunder einigen wenigen Menschen in der Geschichte geschehen ist, dass es zu biblischen Zeiten bekannt war und als ›Sein im Licht‹ oder ›im Geiste‹ bezeichnet wurde, in späteren Zeiten war auch die Rede von ›Erleuchtung‹ oder ›den Erleuchteten‹.«

Darauf antworte ich, dass die einzig angemessene Vorbereitung auf das Lesen dieses Buches das Lesen dieses Buches ist. Dieser Hinweis klingt ziemlich nach Gertrude Stein[69], aber er ist wahr. Soll das Buch den Leser ruhig erschrecken, verwirren oder inspirieren; soll es tausend Fragen aufwerfen! Dann werden Sie nicht ruhen, bevor Sie es noch einmal gelesen haben, und indem Ihr eigener innerer Geist antwortet, werden seine Fragen Antwort finden. Soll es im Leser tausend neue Ziele wecken, und nach dem dritten Durchlesen, falls sein Geist antwortet, wird es ihm den Schwung verleihen, diese Ziele wahr zu machen.

Das Licht, von dem in diesem Buch die Rede ist, kommt nach und nach zu jedem Menschen, aber blitzartig wird es nur zu jenen kommen, die sich dies in zahllosen Tagen, Wochen und Jahren des Verdienstes und des wachsenden Bewusstwerdens errungen haben.

Dieses Buch macht Sie dafür bereit, Walter Russells Werk *Geheimnis des Lichtes* zu verstehen.

Abbildung 20: Denkmal Die Vier Freiheiten, sichtbar sind: Freiheit der Rede, Freiheit von Angst, Freiheit von Mangel, unsichtbar: Freiheit des Glaubens (Skulptur von Walter Russell)

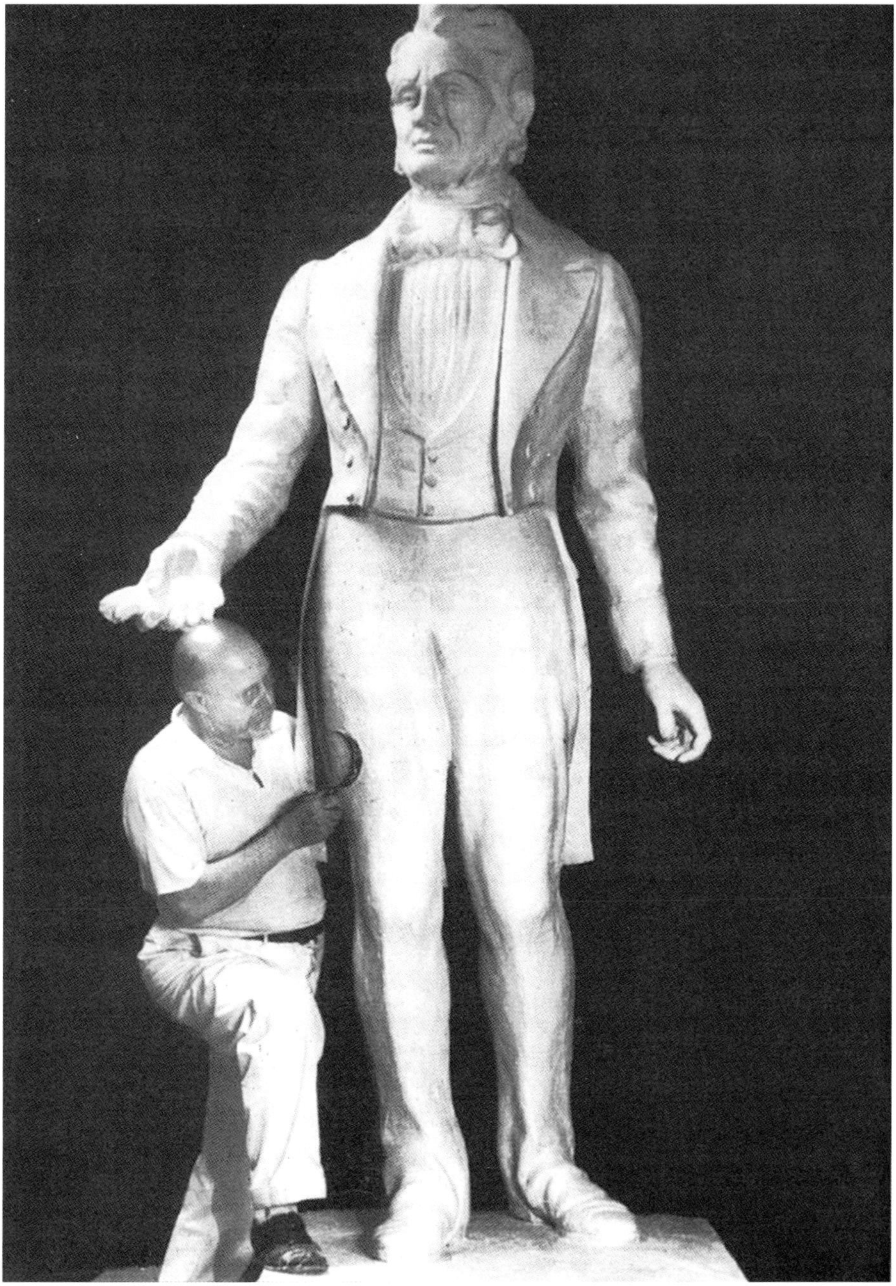

Abbildung 21: Der Künstler bei der Arbeit an der Skulptur von Charles Goodyear

Abbildung 22: Lao Russell

Abbildung 23: Lao Russell in Swannanoa

Abbildungsverzeichnis

Anmerkungen

1 Lao Russell, 1904–1988, geb. Stebbing. Urheberin, Autorin und Co-Autorin zahlreicher künstlerischer Arbeiten und Veröffentlichungen. Sie wurde von Privatlehrern ausgebildet, bereiste früh viele Länder und engagierte sich für verschiedene Wohltätigkeitsorganisationen. 1946 reiste sie in die USA, um die Boston Symphony Youth Concerts zu fördern. Sie las die Originalausgabe des hier vorliegenden Buches von Glenn Clark, »The Man Who Tapped the Secrets of the Universe«, und rief Walter Russell an, der sie daraufhin in Boston aufsuchte. 1948 heirateten Walter und Lao Russell und gründeten 1949 in Swannanoa die Walter Russell Foundation, die 1957 in »University of Science and Philosphy« umbenannt wurde. Nach Walter Russells Tod 1963 führte Lao Russell das gemeinsame Lebenswerk weiter.

2 Anspielung auf die auch für die USA verlustreichen Schlachten des 2. Weltkriegs in Westeuropa.

3 Glenn Clark, 1882 -1956, Autor der ersten Biografie Walter Russells (s. S. 115 in diesem Band). Professor für Literatur und gleichzeitig Sportdozent im Malacaster College in St. Paul, Minnesota. Clark begründete die Camps Farthest Out, bei denen Christen aller Konfessionen sich zu Tagen stiller Einkehr im Gebet versammeln.

4 Russells Periodensystem der Elemente wird in seinem Buch »Geheimnis des Lichtes« ausführlich erläutert. Er erhielt für diese Leistung den Doktortitel der Academy of Arts and Sciences.

5 Dr. Alexis Carrel, 1873–1944, französischer Mediziner und Chirurg, lebte lange in den USA. 1912 Nobelpreis für Physiologie/Medizin, Pionier der Chirurgie, Gewebetransplantation.

6 Rufus Jones, 1863–1948, US-Quäker, Philosophiedozent und Autor zahlreicher Bücher über christliche Mystik. Gründer der Wohltätigkeitsorganisation »American Friends Service Committee«.

7 Frank Laubach, 1884–1970, Missionar der Union Congrational Church und Pionier der Alphabetisierung und Bildung für die Armen auf den Philippinen, in Südostasien, Indien (Zusammenarbeit mit Mahatma Gandhi), Afrika, im

Mittleren Osten und in Lateinamerika. Begründer großer Organisationen zur Alphabetisierung auch in den USA, heute noch als »Laubach Literacy« existent.

8 Eli Stanley Jones, 1884–1973, US-Autor, Geistlicher, Erzieher und Missionar in Indien, der sich sehr für soziale Gerechtigkeit und Spiritualität einsetzte und an die dreißig Bücher schrieb.

9 Dr. George Washington Carver, 1860–1943, afroamerikanischer Agrarchemiker, der sein Leben der Forschung im landwirtschaftlichen Bereich widmete und als Förderer der Südstaaten wirkte. Glenn Clark hat unter dem Titel »The Man Who Talked With the Flowers« (»Der Mann, der mit den Blumen sprach«) eine kurze Biographie über ihn geschrieben.

10 In dem berühmten Konzerthaus wurden damals auch Ateliers vermietet.

11 Thomas Alva Edison, 1847–1931, nordamerikanischer Ingenieur und Erfinder. Edison erfand bzw. entwickelte unter anderem Kohlenkörnermikrophon (1876), Phonograph (1877), Glühbirne (1879) und Generator (1881, von Dampfmaschine angetrieben).

12 Franklin Delano Roosevelt, 1882–1945, war der 32. Präsident der U.S.A. Infolge einer Poliomyelitiserkrankung (1921) schwer gehbehindert, leitete er die Umorientierung zum Sozialstaatsprinzip ein und war außenpolitisch die Seele des Bündnisses gegen die Achsenmächte. Er wurde dreimal wiedergewählt.

13 Pearl Harbor, Flottenstützpunkt der USA an der Südküste der Hawaii-Insel Oahu. Nach offizieller Darstellung zerstörte am 7.12.1941 ein Überraschungsangriff japanischer Streitkräfte einen Großteil der US-Flotte, was in den USA zur einmütigen Unterstützung für die Kriegseintrittspolitik Präsident Roosevelts führte. Diese Darstellung ist heute umstritten.

14 Victor Herbert, 1859–1924, nordamerikanischer Cellovirtuose und Komponist.

15 Hudson Maxim, Erfinder von Geschossen und Gewehren.

16 John Philip Sousa, 1854–1932, nordamerikanischer Komponist, u. a. Märsche (»Stars and Stripes«).

17 Sir Thomas Lipton, 1850–1931, wurde in Schottland geboren, lebte kurze Zeit in den USA und kehrte dann nach England zurück, wo er ein weltweit tätiges Handelshaus für Tee aufbaute, das »Lipton Tea Empire«.

18 Ossip Solomonowitsch Gabrilowitsch, 1878–1936, nordamerikanischer Pianist und Dirigent, veranlasste 1926 die Erstaufführung der Matthäuspassion von J. S. Bach in Detroit. Schwiegersohn Mark Twains.

19 Mark Twain, 1835–1010, US-Schriftsteller, eigentlich Samuel Langhorne Clemens, arbeitete nach dem frühen Tod des Vaters als Drucker, Lotse (»Mark Twain« bedeutet »zwei Faden Wassertiefe markieren«), Prospektor, Journalist. Später als Schriftsteller von Weltrang erfolgreich und wohlhabend (u. a. Welterfolg von »Tom Sawyer und Huckleberry Finn«).

20 Dan Beard, 1850 –1941, leistete Pionierarbeit beim Aufbau der amerikanischen Pfadfinder (»Boy Scouts Movement«). Er war ein begabter Maler und Illustrator, Mitherausgeber der Jugendzeitschrift »Boy's Life« und schrieb über zwanzig Bücher zum Thema Pfadfinder.

21 General Douglas MacArthur, 1888–1964, leitete im Zweiten Weltkrieg erfolgreich die Operationen im Pazifik gegen Japan und führte später die Demokratisierung und Entmilitarisierung Japans durch. 1950 Oberbefehlshaber der UN-Streitkräfte.

22 Colin Kelly, 1915–1941, war der erste US-Pilot, der im Zweiten Weltkrieg umkam. Die Figur Colin Kellys ist Bestandteil des von Walter Russell geschaffenen »Four Freedom Memorial« in Madison (Florida).

23 Enrico Caruso, 1873–1921, italienischer Sänger und berühmtester Operntenor seiner Zeit.

24 Eugéne Ysaye, 1858–1931, belgischer Violinist, bedeutender schulbildender Geigenvirtuose seiner Zeit.

25 Elbert Hubbard, 1856–1915, US-Autor, Herausgeber und Verleger.

26 Ignacy Paderewski, 1860–1941, polnischer Pianist, Komponist und Politiker, 1919 Ministerpräsident der Republik Polen, 1920/21 polnischer Delegierter beim Völkerbund, 1940 Präsident des polnischen Exilparlaments in Frankreich. Lebte ab 1922 in den USA.

27 Theodore Roosevelt, 1858–1919, von 1901–1909 der 26. Präsident der USA. Setzte sich für eine öffentliche Kontrolle über die Interessen der großen Konzerne und Erhaltung der Naturressourcen ein.

28 Richard Harding Davis, 1864–1916, bereiste als berühmtester Reporter seiner Generation die ganze Welt. Außerdem Autor beliebter Kurzgeschichten, romantischer Romane und Bühnenstücke sowie geschäftsführender Herausgeber der Zeitschrift Harper's Weekly.

29 König Albert von Belgien, 1875–1934, verteidigte im Ersten Weltkrieg die belgische Neutralität.

30 Rudyard Kipling, 1865–1936, englischer Schriftsteller, Autor der »Dschungelbücher«, Nobelpreis 1907.

31 John Masefield, 1878–1967, englischer Versdichter und Dramatiker, ging dreizehnjährig zur See.

32 George Bernard Shaw, 1856–1950, anglo-irischer Schriftsteller.

33 Duke von Bedford, englischer Adelstitel, seit 1694 in der englischen Adelsfamilie Russell erblich, hier gemeint: Bertrand Russell, 1872–1970, pazifistischer Autor, Nobelpreisträger, Philosoph (Neurealismus).

34 Cordell Hull, 1871–1955, US-Politiker, 1933–1944 US-Außenminister, 1945 Friedens-Nobelpreis, vertrat Politik der »guten Nachbarschaft« zu Lateinamerika.

35 Jesse Jones, US-Unternehmer und Politiker, zeitweise Kabinettsmitglied, aus einfachsten Verhältnissen stammend.

36 Michael Pupin, 1858–1935, serbischer Elektroingenieur, erfand die Pupinspule, lehrte ab 1889 in den USA.

37 Robert Andrews Millikan, 1868–1953, US-Physiker, 1923 Nobelpreis für Physik, bestimmte u. a. die Elementarladung des Elektrons.

38 Charles Franklin Kettering, 1876–1958, US-Ingenieur und Erfinder, erfand u. a. Batteriezündung, elektrischen Anlasser und synthetisches Benzin.

39 Lee de Forest, 1873–1961, US-Radiotechniker, schuf mit die Grundlagen für die Rundfunktechnik.

40 This Light Wave Universe: Russell gab dem Buch später den Titel »The Russell Cosmogony«, heute trägt es den Titel »A New Concept of the Universe« und ist 2019 unter dem Titel »Eine neue Vorstellung vom Universum« auf Deutsch erschienen.

41 Henry Ford, 1863–1947, US-Großindustrieller, Automobilkonstrukteur und Gründer der Ford Motor Company. Sein Ziel war die Herstellung möglichst guter Erzeugnisse zu möglichst niedrigen Preisen. Von seinem Autotyp Ford T wurden in den Jahren 1908–1922 über 15 Millionen Wagen verkauft.

42 Botenjunge in großen Einzelhandelsgeschäften, der das vom Verkäufer von Kunden erhaltene Geld zur Kasse brachte und mit dem Wechselgeld zurückkehrte.

43 Arturo Buzzi-Peccia, 1854–1943, damals bekannter, zeitweise in New York tätiger italienischer Gesangslehrer und Liedkomponist.

44 Giulio Gatti-Casazza, 1869–1940, italienischer Opernmanager, der zu Beginn des 20. Jahrhunderts die Entwicklung der amerikanischen Oper voranzutreiben versuchte.

45 Collier's Weekly, anspruchsvolle New Yorker Wochenzeitschrift, die vom Ende des 19. Jahrhunderts bis 1957 erschien. Als ihr Erscheinen aufgrund von Finanzproblemen eingestellt wurde, betrug die Auflage 3 750 000 Exemplare.

46 Century, von 1881 bis 1930 monatlich erscheinende US-Zeitschrift auf hohem Niveau, 1870 als Scribner's Monthly gegründet.

47 Thomas Lawson, US-Multimillionär (»Kupferkönig«).

48 Ladie's Home Journal, US-Frauenzeitschrift von 1883–2016, erreichte 1903 als erste US-Zeitschrift 1 Million Abonnenten.

49 Alexander Hamilton Revell, 1858–1931, US-Möbelhändler.

50 Clayton Sedgewick Cooper, kirchlicher Autor und Vortragsredner.

51 »The Bending of the Twig« sowie »Age of Innocence« und »The Sea Children« sind vergriffen. Zu »The Sea Children« hat Walter Russell einen Walzer komponiert, The Sea Children Waltz. Er ist die einzige seiner Kompositionen, von der eine Niederschrift existiert.

52 Eigentümerkooperative: Hier war Russell federführend an einer Initiative beteiligt, deren Prinzipien er in seinem Text »Rent Mutualization Plan for National Rent Relief« dargelegt hat. Zur Realisierung seiner visionären Vorstellungen begründete Russell mit anderen Künstlern 1923 die National Rent Mutual Company.

53 Gemeint ist das Jahr 1946.

54 Cass Gilbert, 1859–1934, US-Architekt, entwarf das berühmte Woolworth Building in New York, verschiedene Regierungsgebäude in Washington, DC, und weitere bekannte Bauwerke in verschiedenen Staaten der USA.

55 Leopold Godowsky, 1870–1938, nordamerikanischer Komponist und Pianist.

56 Jeanne d'Arc, historische Gestalt der Jungfrau von Orleans, 1412–1431, französische Nationalheldin.

57 Colette D'Arville, französische Opernsängerin.

58 Thomas J. Watson, 1874–1956, Präsident der International Business Machine Company (IBM), vor deren Angestellten Walter Russell zwölf Jahre lang Vorträge über bessere Geschäftspraktiken hielt. Watson arbeitete viele Jahre als Vorsitzender der Arts and Science Society mit Russell zusammen und war als Kunstmäzen sowie Förderer vieler wichtiger Organisationen tätig.

59 George Gershwin, 1898–1937, US-Komponist und -Pianist, u. a. Oper »Porgy and Bess«.

60 Hereward Carrington, 1880–1951, war eine Zeit lang Vorsitzender einer Organisation zur Erforschung paranormaler Phänomene.

61 Charles Nelson Goodyear, 1800–1860, US-Chemiker, durch die Erfindung der Kautschukvulkanisierung und die Fabrikation von Hartgummi Begründer der modernen Gummi-Industrie.

62 Charlotte Oelschlägel (1898–1984), auch bekannt als Charlotte Hayward, deutsche Eiskunstläuferin.

63 »...heute noch«: Glenn Clark meint vermutlich das Erscheinungsjahr des Buches: 1946; Russell war damals 75 Jahre alt.

64 40 Acre entsprechen etwa 16 Hektar. (1 Hektar sind 10.000 m^2, also 100 mal 100 m)

65 Auguste Rodin, 1840–1917, französischer Bildhauer, Zeichner, Radierer und Maler.

66 John Russell Pope, US-Architekt, entwarf neben dem Gebäude des Nationalarchivs unter anderem die Nationalgalerie und das Thomas-Jefferson-Denkmal in Washington, DC.

67 Andre Fouilhoux, US-Architekt, der vor allem im New York der dreißiger Jahre viele berühmte Gebäude entwarf.

68 Paul Litchfield, 1875–1959, viele Jahre Direktor von Goodyear, trat mit 25 Jahren in die Firma ein und brachte sie als genialer Geschäftsmann und Erfinder an die Weltspitze. Er hielt etliche Patente für bedeutende Neuerungen in der Reifenkonstruktion und Fertigung und führte bereits 1914 den Achtstundentag und Mitbestimmungsmöglichkeiten für die Arbeiter ein. Daneben engagierte er sich ehrenamtlich in der Pfadfinderbewegung sowie in der Ausbildung und Förderung junger Landwirte.

69 Gertrude Stein, 1874–1946, US-Schriftstellerin aus deutsch-jüdischer Familie. Lebte ab 1902 in Paris, dort einflussreicher Mittelpunkt eines Kreises von Malern und Schriftstellern (u. a. Picasso, Matisse, Hemingway). Schuf Prosa mit Verzicht auf Interpunktion, assoziativer Reihung und scheinbar sinnloser Satzteilwiederholungen.